心理学是什么（第2版）

——非心理学专业的心理学公开课

许　科　编著

知识产权出版社
全国百佳图书出版单位
—北京—

图书在版编目（CIP）数据

心理学是什么：非心理学专业的心理学公开课/许科编著. —2 版. —北京：知识产权出版社，2023. 1

ISBN 978 - 7 - 5130 - 8602 - 8

Ⅰ. ①心… Ⅱ. ①许… Ⅲ. ①心理学—通俗读物 Ⅳ. ①B84 - 49

中国国家版本馆 CIP 数据核字（2023）第 000395 号

责任编辑：常玉轩　　**责任校对**：王　岩

封面设计：陶建胜　　**责任印制**：刘译文

心理学是什么（第 2 版）

——非心理学专业的心理学公开课

许　科　编著

出版发行：知识产权出版社有限责任公司	网　　址：http：//www. ipph. cn
社　　址：北京市海淀区气象路 50 号院	邮　　编：100081
责编电话：010 - 82000860 转 8572	责编邮箱：changyuxuan08@ 163. com
发行电话：010 - 82000860 转 8101/8102	发行传真：010 - 82000893/82005070/82000270
印　　刷：天津嘉恒印务有限公司	经　　销：新华书店、各大网上书店及相关专业书店
开　　本：787mm × 1092mm　1/16	印　　张：16
版　　次：2023 年 1 月第 1 版	印　　次：2023 年 1 月第 1 次印刷
字　　数：246 千字	定　　价：78. 00 元

ISBN 978 - 7 - 5130 - 8602 - 8

本书受到上海市哲学社会科学规划一般项目（2021BGL006）和上海市教育科研项目（C20030）的支持

课程教学大纲与
课程简介

心理学基础题库
（更新）

推荐序

百年大计，教育为本；教育大计，教师为本；教师教学内容，以本为本。尺寸课本、国之大者。在高等学校的教学改革中，教材建设是重要的环节之一。党的“二十大报告”首次提出“加强教材建设和管理”，凸显了教材工作在党和国家教育事业发展全局中的重要地位。创编一部优秀的教材，其难度不亚于创作一部优秀学术专著，既是对某一专业领域知识体系的再加工和再整理，去粗取精、去伪存真、选取精华、采撷前沿成果的再创造过程，也是把创编者的思想和观念创新性地融入教材内容之中的创造过程，其对一代学子的影响深远而巨大。我本人也用心编写了教材，有的虽然还入选了国家精品课程和“十二五”规划教材，但我认为，它们与优秀教材的标准还有差距。我一直希望中国学者在教材建设方面有所建树，更希望他们能将临近学科的成果融入心理学教材之中，把心理学的前沿成果辐射到其他学科，为解决社会各个领域的相关问题，乃至营造和谐社会做出心理学人的特有贡献。

上海大学许科副教授把她编写的教材《心理学是什么——非心理学专业的心理学公开课》的电子稿发到我的信箱里，我打开书稿阅览时，被书稿深深吸引：行云流水、活泼灵动的文字表述；准确的概念、原理、理论阐释；新颖别致的体例设计；传统与现代相融合的表现方式等。她嘱我给教材作序，我欣然应允。许科副教授在本科、硕士研究生学习阶段，都是我十分看重的优秀学生，我发现她具有良好的政治素养和个人品德修养，具有学习刻苦、深思好问、阳光开朗和乐于助人等品质。她获取硕士学位后，我推荐她考华东师大心理系博士研究生，她一举考中，师从刘永芳教授。获取心理学博士学位后，她应聘并被上海大学录用。她从事心理学教学工作十几年，兢兢业业、勤勤恳恳，一边教学一边潜心开展教材建设的研究，不仅从理论上理清了教材建设的学理性，而且在深度教学改革研究中把握了教材编写和教学实践应用的规律。她对这本教材的编写非常投入，一遍一遍修改、完善，每编写出一个版本，就及时在教学中试用，反复寻找存在的问题、查检其中的漏洞，数易其稿。更为难得是，她以这部教材为本所讲授的《心理学基础》课程深得学生的欢迎，并经过业内专家的评审，获得第一批国家级一流课程。认真阅读这本教材，我认为它有几方面的特色：

第一，这部教材折射出作者对编写教材的驾驭能力，作者在编写中遵循了“两个规律”。一是遵循了心理学科内在的知识逻辑体系规律。教材凸显了知识点之间紧密的逻辑关联性，并留有知识扩展的张力空间，给学生一个简约而又极富扩展张力的心理学系统知识体系。这种收放自如的编写方式，充分体现了作者扎实的心理学科理论功底。二是遵循了学生心理发展水平阶段性规律。作者通过长期的教学实践，充分了解所面对教学对象的心理发展阶段性特征，并依据这一特征严格筛选相应的教材内容，使之便于学生阅读、理解和掌握。这种便利学习对象学好心理学知识、原理和理论的出发点，充分体现了以学生为中心，有效促进学生发展的爱生情怀。在教材编写中把这两个规律有机结合起来，是极具挑战性的工作，而作者勇敢地迎接了挑战。

第二，从内容上看，这本教材既包含传统的主题，又反映学科的前沿进展，并且体现了应用的特色。该教材不仅系统地阐述了心理学的基本概念、基本原理和基本理论，而且还展现了心理学在管理、经济、社会生活等方面的应用，所设计的“生活中的心理学”等栏目拓展了心理学的应用场景；该教材不仅囊括了普通心理学的传统主题，而且还介绍了大量的最新研究成果，指出了这些传统主题新的发展趋势，“知识加油站”这种模块化的设计既不会破坏整体的节奏，又将前沿发展成果引入其中。

第三，从结构上看，该教材很适合开展研究型混合式教学。编者力求整合线上线下资源，为“课前自主学习、课中合作探究、课后项目延伸”

提供一体化教学设计。教师可以依靠此教材方便地开展教学改革；学生可借助此教材，通过独立地自我学习，以分析、探索、实践、质疑、创造等方法来实现学习目标。具体而言，(1) 每节开篇的“课前思考”有助于引发读者兴趣，启发读者思考，让读者带着问题开启本节的学习。(2) 每节中的“师说心语”是供学生自学的线上视频，由主编亲自讲授。每个视频10－15分钟，加入了图片、动画、短片等素材，从单调的文字到沉浸式的体验，拉近了编者与读者的距离。视频内容与教材内容紧密衔接，但绝非教材内容的重复和再现，这让教材实际承载的内容远超“纸书”本身。(3) 每节设置的“思考题”作为课堂研讨的“触发器”，学生带着这些问题阅读文献、深度思考、总结分析，带着自己的思考来到课堂与老师和同伴发生思维的碰撞，批判性思维、创造性思维逐渐培养起来。(4) 文中的“停下来，测一测”便于读者检测学习效果，查漏补缺；“实践项目”则鼓励学生在解决现实问题过程中检验所学。学生可以像心理学家那样设计解决方案，比较不同方法之间的优劣短长，用科学的方法验证假设，在遭遇挫败时尝试分析和解决问题。这些都可以鼓励独立思考，鼓励质疑式学习，对于培养学生的创新能力和解决问题能力具有重要意义。

第四，从形态上看，该教材进行了教材改革数字化转型的有益探索。数字化教学资源建设是高等教育数字化转型最重要的基础性工作之一，而新形态教材是数字化教学资源建设的核心。该教材采用了“纸书＋电子资源”的形式，通过二维码把纸质内容和数字教学资源相关联，即扫即看，把教材变“活”。既打破了纸质教材体量的限制，又可以及时更新、补充最新内容。真正做到“教材容量有限，扩展内容无限”。本教材配套了大量数字教学资源，除了近500分钟的课程视频外，还包括了教学大纲、思维导图、经典文献、习题试题、电子课件等，这些都大大提高了教材容量的倍增性和教材的便利可用性。

总之，我认为这是一本优秀的心理学教材，适合人文社科类学生夯实心理学基础，为后续“人学”研究做好准备。该教材展示出的教学理念和教学模式也是先进的，既遵循了学科知识内在的规律、学生心理发展阶段特征的规律，又呼应了国家所倡导的具有“高阶性、创新性、挑战度”的一流课程建设要求。我相信这本教材会得到广大师生的喜爱，同时也希望读者进行批判性学习。我更希望未来有更多优秀的心理学教材面世，为促进学生的顺利成长，为增进民生福祉，提高全社会的心理健康水平做出贡献。谨以此为序，共勉。

赵国祥，中国心理学会理事长

2022 年 11 月 10 日

第2版序

近几年，心理学科发展迅速，新的理论方法层出不穷，心理学与其他学科联系愈加紧密，跨学科的趋势日益凸显。心理学以其独特视角，分析当今中国社会发展中各领域遇到的问题，并尝试提出解决问题的路径和方法。心理学的身影广泛地出现在管理、经济、司法、体育、医疗、社会管理等领域中，催生出了诸多以“**心理学”命名的课程，成为非心理学专业学生的必备。

然而，这些课程对于非心理学专业学生是有门槛的。由于缺乏必要的心理学基础，学生在没有任何前期储备的情况下，突然进入一个陌生的学科领域，开始接触艰深晦涩的专有名词。对他们而言，准确理解抽象的概念和理论已非易事，要求他们在短时间内把握理论的精髓，灵活应用于实践，解决实际问题更是遥不可及。对此，教师只能“简化”课程内容，“易化”课程要点，“弱化”方法训练，导致课程蜻蜓点水，浅尝辄止，距离真正“用心理学理论指导实践，解决实际问题”还有较大的距离。

鉴于此，出版一本为非心理学专业学生撰写的心理学入门教材就显得尤为重要了。它并非专业教材的“缩水”版，而是将培养的重点从知识转移到能力上来。通过它的学习，学生可以掌握最基本的心理学理论和方法，更重要的是，培养起一套系统性思维和解决问题的综合能力。在实际工作中遇到难题时，可以有意识地从心理学角度思考问题，并能够通过自主学习，找到有效的工具，应用必要的理论，进而采用严谨的思路、科学的方法，开展有益的实践，最终解决问题。这就对教材提出了新要求——教材不能仅仅是知识的载体，它在内容安排和体例设计上就要考虑如何提升学生的思维能力和问题解决能力。给自学提供素材，给探究留下启发，给实践创造空间，能够支撑学生开展“课前自学－课中研讨－课后实践”的研究性学习。

本教材的撰写就围绕这一目标展开。相比上一版，本版教材沿袭了“以问题为驱动”的特色，从问题切入，用问题引导学习。不同之处在于对体例进行了大幅修改，使之更加适合研究型混合式教学。具体表现在：首先，对内容进行了更新。删去了一些比较陈旧的文献和有争议的结论，增加了“知识加油站”、“生活中的心理学”等栏目，前者反映了相关领域的最新研究进展，后者则主要结合时事热点，补充了最新的研究和案例。各类栏目的增加大大提升了教材的可读性和趣味性。全书的字数增幅达到40%。

第二，增加了用于线上自学的视频、文献、测试题等，为混合式教学提供支撑。将所有知识点根据难易程度和重要性进行了线上线下的重新安排。将一些基本概念和基本理论制作成由主编本人主讲的精美视频，学生可以通过扫描“师说心语”栏目的二维码完成自学。视频内容与纸本内容紧密联系却又各有侧重，拓展了教材的内容空间。线上资料包括47个视频，约500分钟；300道单元检测题，可以扫描二维码观看视频及自我检测；50余篇经典文献供学有余力的同学拓展知识面。这些线上素材紧跟学科进展持续更新，使教材突破了纸本边界的限制，做到常用常新，与时俱进。

第三，增加了课堂研讨问题和课后实践的项目。课堂中师生之间、生生之间的互动研讨是锻炼学生批判性思维的重要手段。教材在每节末尾设置两三个供研讨的问题。这些问题以教材内容为基础，但却有一定的综合性和挑战度，需要综合应用所学知识、阅读一定课外文献、经过深度思考才可能回答。这些问题大多没有标准答案，给不同程度的学生在课后的个人探究留下了空间。教师可以围绕这些话题，组织课堂中的互动研讨。每节末尾还有一个课后实践项目，大部分孵化自科研项目或科研论题，既反映了学科前沿，又立足于现实社会的真实问题。学生在做中学、做中研，在解决问题的过程中锻炼综合能力。这两部分内容为课中的“问题驱动，合作探究”，以及课后的“项目实践，拓展延伸”提供了所需素材。

教材共包括 5 个篇章 16 节。第一篇主要对心理学的基本问题进行总体介绍，包括心理学的研究对象、研究方法、心理学的历史与未来等；第二篇和第三篇聚焦人类的认知过程，主要介绍感知觉、注意、记忆、思维等心理现象；第四篇聚焦人类的情绪和情感过程，介绍了情绪劳动、情绪管理、爱情等话题；第五篇则聚焦人格，介绍了人格理论、个性倾向性和个性心理特征等内容。教材重申了科学心理学的重要标准和核心理念，澄清了关于心理学的种种误解和迷思；语言严谨又不失轻松活泼，理论讲述与实验案例交相呼应，集科学性和趣味性于一身。本书是国家级一流课程“心理学基础”的配套教材，它既可以为教师开展“翻转课堂”、“线上线下混合式教学”等课程改革提供蓝本，又可供心理学爱好者作为入门的学习资料。

本教材在出版过程中受到了知识产权出版社常玉轩编辑的大力帮助。从第一版的诞生，到第二版新形态教材的编撰、技术支持等，常编辑都投入了大量心血，在此表示深深的感谢。由于个人水平有限，书中难免存在疏漏之处，敬请各位读者批评指正。

许科

2022 年 11 月 20 日于上海

首版序

自上世纪末我首次迈入心理学的大门至今已二十年。记得当初在填报高考志愿时，我问班主任老师，学了心理学能做什么。班主任沉思了一会，神色凝重地告诉我，那是师范院校开设的一门公共课……

一晃二十年过去了，心理学已经从公众眼中的“师范专属学科”，发展成为大众所关注、认可、熟知的领域。无论是与人文学科跨界交叉进行科学研究，还是在社会新闻、娱乐节目、热卖杂志中，都可以找到心理学的身影。二十年的时间，我自己也从心理学的门外汉，到忠实信徒，逐渐成长为一名心理学的研究者与传播者。时至今日，心理学更是渗透进我生活的方方面面——思考问题的方式、看待问题的角度、理解问题的落脚点都会带有心理学的印记。也因此对这个世界的理解显得入木三分，为人也多了一份豁达与平静。

我力争将这种心理学带来的“通透感”传递给我身边的人。在他们因为生活中的种种不如意而坐困愁城时，在他们对世事感到困惑不解时，用心理学帮助他们找到问题的答案，抑或至少找到问题出现的原因。在追本溯源之后，即便问题不能立刻得到解决，他们也会多一份释然。

时间久了，我想让更多的人来分享这种感受，也因此产生了著书的想法。我不想用艰深晦涩的语言来彰显自己的学术水平，而是想用每个人都能理解的词汇，解释触手可及的生活。我选取了41个话题，它们可能是新近发生的新闻事件、网络热点，也可能是生活中时刻发生的平凡现象，并以此为切入点，用心理学的视角揭示它们产生的原因与机制。41个话题分为五篇，按照“走向心世界”—“感受心世界”—“理解心世界”—

“爱上心世界”—“成为你自己”的顺序展开。五个篇章由浅入深、由低级到高级地对人的心理现象进行描述，最终落脚到个人的成长。41个话题整体看符合人们认知世界的过程逻辑，拆开来看，每个故事都自成一家，独立存在。

与同类的心理学专业书籍相比，在形式上，本书采用问题导向的叙事方式，以案例引出问题，用理论解释现象；在行文风格上，本书力避空洞，用简明的语言来说明问题，同时辅以大量例证，尽可能让读者不感到枯燥乏味，更容易理解吸收。本书是作者将心理学的专业知识融会贯通，深入浅出的结果，“既能把薄书读厚，又能把厚书读薄”是作者追求的目标。

与心灵鸡汤类的心理学科普读物相比，作者二十年的专业训练保证了语言与逻辑的科学精准，其中心理学专业最前沿研究成果的加入，更反映了本学科的发展动态。因此，本书适合对心理学感兴趣的读者作为入门教程，也适合高校非心理学专业的本科生、研究生、MBA，以及企事业单位管理者、人力资源管理从业者作为参考书。由于水平有限，难免疏漏。敬请读者多提宝贵意见。

许科

2015年

目　录

第一篇　走向心世界

第三篇 我的头脑如此与众不同

第四篇　有情有爱才完整

第五篇　千人千面话人格

第一篇

走向心世界

第一节　揭开心理学的神秘面纱——心理学的任务

课前思考

提起心理学，许多人立刻会想到“神秘”二字。心理学家都会催眠吗？学心理学的人都能看透别人的心思？梦可以预知未来吗？心理学和星座、血型、塔罗牌有没有关系？心理医生是不是多少都有点儿不正常？人们对这些问题的好奇和一知半解造成了心理学“神秘”的印象。然而，翻开一些心理学入门的书籍，人们却不难发现，心理学似乎在探讨视觉、听觉、记忆、思维、性格这些看不见摸不着的东西。那么，心理学到底研究什么？心理学如何“抓住”这些不可“捉”“摸”的东西并对它进行研究？心理学背后的逻辑到底是什么？请带着这些问题开始下面的学习。

心理学的定义

心理学的研究对象是人。凡是与人、人的行为有关的东西都被包含其中。从人脑的功能、神经的结构，到人的感觉、知觉、记忆、思维、情感等都是心理学的研究对象。除了研究自己的问题，心理学还研究人与人之间的问题，包括人际关系、人际沟通、爱情等。当然，以上所讲都是些常态的问题，心理学还会研究一些非常态的现象，当大脑功能病变、心理机能异常、人际关系不良，如何改良这些病态现象也是心理学的责任。

这样看来，心理学的研究内容似乎五花八门，包罗万象。其实，总结下来，心理学的研究内容不外乎两部分——心理现象和行为规律。具体说来，就是要研究心理现象发生、发展的规律，以及这些心理现象和外在行为之间的联系。比如，心理学研究性格，会探讨性格形成的影响因素，也会探讨性格的结构，并会将不同性格人的行为特征进行一一对照。那么，利用这个研究结论，企业管理者可以做到人职匹配，才尽其用；教育者可以因材施教，扬长避短；人们也可以借此更好地了解自己、了解他人、融洽人际关系；年轻人还可以借此找到适合自己的人生伴侣。所以，总结下来，心理学就是研究人的心理现象的科学，人的行为和其背后的心理活动规律是其主要的研究内容。

师说心语——不神秘的心理学

心理学的研究对象是人类的心理现象和行为规律，然而，心理现象和行为规律并非独立存在，心理的变化会导致行为改变，而行为是内在心理的外化形式。因此，心理学的一大任务就是，找到心理现象与外在行为之间的对应关系，进而更好地了解心理变化规律，解释、预测、控制人类行为。当然，因为心理与行为的关系并非简单到像“1+1=2”那样的对应关系，这也为预测行为的过程增加了一份“神秘”的色彩。下面请观看视频“不神秘的心理学”。

心理学的研究内容——行为

心理学的研究内容中包含三个核心概念：行为、心理现象、科学。行为是所有能直接观察到的人类表现。心理现象则是这些行为背后的内在力量。有时，人与人之间的行为表现趋于一致，但内在心理过程有所不同。例如，美国斯坦福大学心理学家沃尔特·米歇尔（Walter Mischel）在20世纪60年代曾做过一个经典的“棉花糖实验”。他给一群4岁孩子每人一颗香甜的棉花糖，并且告诉他们，可以现在就吃掉棉花糖，但如果现在不吃，把棉花糖保留下来，那么，20分钟后就可以得到另外一颗棉花糖的奖励。结果发现，那些选择保留棉花糖的孩子在成年之后学业表现更好，职业发展也更优秀。对于这个结果，有人将之解读为“延迟满足”的能力使这些孩子更优秀，但还有学者在重复了这一实验之后认为，“不吃棉花糖”更可能是不同家庭经济背景造成的对美好未来预期的差异。经济富足的家庭有能力为孩子支付各类福利和享受，一颗棉花糖的等待对于这些孩子来说完全可以承担；而对于家庭经济窘迫的孩子来说，等待就意味着风险。即使得到的承诺很明确，也有可能在未来成为空头支票。与其期待未来的“大收益”，不如抓住当下的“小确幸”，落袋为安才是上策。由此可见，相同行为的背后可能蕴含不同的心理过程。

反之，有时人们的外在行为各不相同，但驱使其产生行为的内在心理过程却是一致的。例如，在杭州西湖的三潭印月景点，每天都有大量游客聚集在一块太湖石前，往石头里扔硬币。这块石头既没有名人题字，也没有传说和典故，但游客们一旦发现石头窟窿里堆满了钱币，就会立刻跟风，甚至排队往里扔钱。由于太湖石立在水中央，离游客有一段距离，并不能确保每次所扔硬币都能准确命中，因此，一些游客像上了瘾似的扔不停。还有一个例子，2021年7月，河南郑州遭受百年不遇的水灾，某经济效益并不很好的国产运动品牌踊跃捐款。这一善举被细心的网友发现后，人们大受感动，决心予以回报。于是，数以百万计的民众涌入该品牌的线上商店、线下实体店，开启了疯狂购物模式。许多原本并不需要运动产品的人们，也在这种氛围的带动之下，加入抢购大军。即使品牌老板出面呼吁“理性购物”，也难以阻挡人们的热情。表面上看，这两个案例描述的是截然不同的行为——扔钱币、抢购运动产品，但是分析之后发现，其背后的心理过程是一致的，即人们感知到的他人的行为选择会影响到自身的行为。这在心理学中被称为“从众”。心理学的一大任务就是找到这些行为背后的心理机制，掌握其发生发展的规律，并提炼为理论，用来描述、预测、解释、控制更多的人类行为。

心理学的研究内容——心理现象

心理现象随时随地发生在人们身上。心理学将之划分为心理过程、心理状态和个性心理三方面。心理过程包括知、情、意三部分。一个刚刚出生的婴儿是不具备社会能力的，要想生存下来，他首先要学会用自己的眼睛、耳朵、手等感官去感知这个社会、理解这个社会，这种对客观事物由表及里、由现象到本质的认识过程被称为感知过程。在这个过程中，人会产生种种需要，如果需要被满足了，人就会产生喜悦积极的情绪，如果没有被满足，就会产生愤怒、忧伤等消极情绪。这个过程被称为情绪情感过程。当然，人不会只是被需要牵着鼻子走。当环境条件不允许人们满足需求时，人们依然会调动自己的意志力，克服内部和外部的困难，力求实现目标。这个过程被称为意志过程。此外，知情意心理过程的完成需要心理状态保驾护航。注意是一种积极的心理状态，它能帮助人对信息进行选择，它是心理过程得以完成的必要前提。

如果说心理过程反映了大多数人的“共性”特点的话，那么个性心理则体现了人与人之间的不同。小时候，孩子们喜欢找和自己有共同兴趣爱好的人一起玩；青少年时期，理想成为主导成长的动力；成年后，价值观成为行为的最高指挥棒。这些需要、动机、兴趣、理想和价值观等决定了人们对客观事物的态度和趋避，因此被称为个性倾向性。个性倾向性多是在个体的成长过程中逐渐发展起来的，因此受到后天环境的影响比较大。但还有一些个性心理多受到先天遗传因素的影响，具体就展现在气质、性格和能力三方面。《水浒传》中的一百单八将各个特色鲜明。卢俊义擅长棍棒骑术，吴用擅长神机妙算，表现出能力的不同；李逵豪爽直率，林冲隐忍寡言，表现出气质与性格的不同。正是这些特点综合在一起，才形成《水浒传》中个性鲜明的人物形象，让读者印象深刻。能力、气质、性格集中反映了一个人的心理面貌，被称为个性心理特征。

总结下来，心理现象包含的内容及其之间的关系可以体现在图 1.1 中。

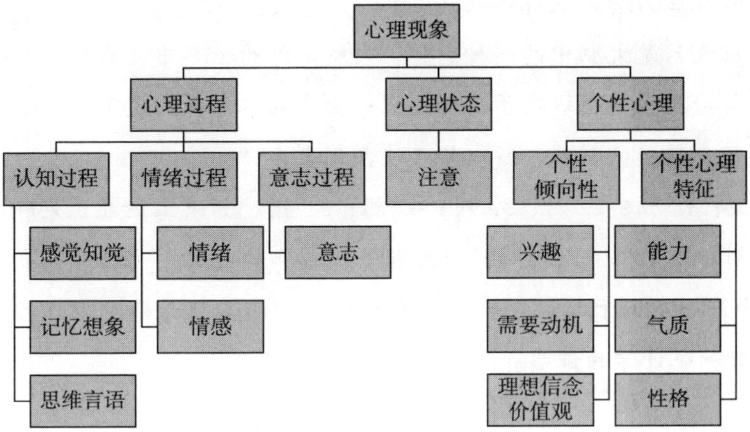

图 1.1　心理现象总结分类

心理学的学科性质

要想了解行为和其背后心理的对应关系，需要进行假设检验。验证过程并不是随意的，也不能仅仅依靠感性经验。研究者常常要利用科学有效的工具，经过仔细、严密、精确的设计，精准地进行施测。在对行为结果进行观察的基础上，收集相关的证据和数据，并借助数学、统计学等方法得到结论。所以，在整个研究的过程中，心理学家既要使用哲学、人类学、社会学等人文类学科的理论提出假设、分析原因，又要像生理学家、生物学家和其他科学家一样采用科学的研究方法收集数据进行验证，因此，心理学是一门具有自然科学性质、又具有人文社会科学性质的交叉学科。

停下来，考一考

现在让我们对你的心理学知识进行一个抽样检测。以下陈述有些是正确的，有些是错误的。请你利用之前的知识积累，判断以下说法的正误。

1. 大多数人只使用了大脑的10%。

2. 心理压力会造成身体疾病。

3. 红色只是大脑中的一种感觉，大脑以外的世界中没有红色。

4. 智力几乎完全取决于遗传，在一生中基本保持固定不变。

5. 梦是现实的写照，所以梦可能预测未来。

答案：1. 错；2. 对；3. 对；4. 错；5. 错。如果上述几道题中，有部分题目判断错了，不用担心，因为很多人都和你一样。生活中人们所谓的“心理常识”多出于人们对生活个案的观察，而心理学研究则需要更为严密的实验和统计学的证明。

心理学的分支

与其说当代心理学是一门单一的、统一的科学领域，不如将其看作“罩在各分支松散联合之上的一把伞”。根据研究对象的不同，心理学大体可以分为理论心理学和应用心理学两大阵营。

顾名思义，理论心理学是研究心理学基本理论的分支。它以揭示各种心理现象之间以及心理现象与现实之间相互联系的规律为任务，不但可以解释、预测并有意识地支配人的行为和心理活动，而且可为应用心理学的各个分支学科提供理论支持。以前文所提到的跟风购买运动产品为例，不同学科会从各自的角度对这一现象进行研究。

首先，从最微观的层面来看，神经科学和生理心理学研究的是人类行为、思想和情绪的生理机制。他们很关心人们在知觉到他人行为（疯狂购买该运动品牌产品）之后，大脑中发生了哪些激素、化学递质的变化，大脑激活了哪些区域以及这些区域释放的脑电波是否会相互影响，而这些生理上的变化又是如何激发人的购买行为的。该学科在研究时常常要借助一些生物学的工具，小白鼠、灵长类动物如猴子等也常常参与研究。

当然，并非所有人在看到他人的购物行为时，都会跟风从众。有哪些因素影响了个体间的差异，使有的人特立独行，遵从内心的想法，而有的人则很容易随波逐流呢？这个问题需要人格心理学研究者来回答。人格心理学注重研究人类心理特质方面的个体差异。它倾向于探讨哪些先天遗传因素和后天社会因素造成了人与人之间的差异。

社会心理学不再以单个的人为研究对象，它探讨人们如何相互影响。从众就是一种社会心理现象。在群体层面，社会心理学探讨团体规模、团体凝聚力、成员身份等因素对从众的影响；在组织层面，社会心理学试图揭示文化因素、价值观等因素对从众的影响。

除了以上分支学科，理论心理学还有其他重要的分支。普通心理学是研究正常成人心理的一般规律的学科。其研究范围包括心理学的理论原则和方法、心理过程、心理状态和个性心理特征的基本原理。它既概括了各个心理学分支的研究成果，又是各个分支的理论基础。它就像“心理学之树”的树干，为其他枝叶提供营养。实验心理学、心理统计学、心理测量学是心理学研究方法的三大支柱学科，它们为研究者设计合理的方案、实施有效的测量、得到有价值的结论提供保证。

对心理现象及心理规律进行研究可以从理论层面促进心理学的发展，如果想在社会生活中发挥作用，心理学还要和各个专业领域相结合。这就催生出应用心理学门类下的诸多分支学科。心理学家将心理学理论应用到社会生活的方方面面，形成诸如管理心理学、教育心理学、军事心理学、消费心理学、经济心理学等诸多交叉学科。这些跨学科的探讨为应用学科开辟了独特视角，理论心理学的研究成果也为应用心理学的发展提供了保障。例如，对于从众的研究可以应用到管理心理学当中，引导企业员工争相进步；应用到消费心理学当中，分析解释人们购买行为的影响因素，进而在广告设计、营销方案中出奇制胜，引导消费者。

上述这些只是传统的心理学分支，随着社会的发展，新的研究领域不断出现，例如，环境心理学研究自然环境、建筑、社会环境等如何影响人们的心理和行为；社区心理学研究邻里问题的理论、规律和社会行为；和平心理学研究群体冲突的成因和后果，预见和避免暴力的策略，以及帮助受害者在冲突出现后重新建立新生活。这些新的分支、新的理论、新的研究成果都在帮助人们进一步认清自己，与外部世界和谐共处。

停下来，测一测

请判断，下面的研究话题是哪些心理学分支的研究内容。

1. 人们如何以更好的精神状态面对日常生活？

2. 记忆是如何储存在大脑中的？

3. 这份心理测验到底有没有效？

4. 如何管理新生代员工？

5. 为什么我每次考试前都生病？

6. 证人的证词到底有多可信？

7. 老师如何激励后进学生？

8. 人类的创造性思维是如何发生的？

9. 抑郁症可以治愈吗？如何才可以更好地陪伴抑郁症患者？

10. 为什么在参加重要的篮球比赛前我会感觉呼吸困难，而一旦上场后就好多了。

答案：1. 临床心理学、心理咨询学；2. 生理心理学、实验心理学；3. 心理测量学；4. 管理心理学、人格心理学；5. 健康心理学；6. 司法心理学；7. 教育心理学；8. 生理心理学、认知心理学；9. 临床心理学、心理咨询学；10. 运动心理学、生理心理学。

心理学与人工智能

随着人工智能的发展，心理学的重要意义进一步凸显出来。一方面，心理学为人工智能的发展提供了理论支撑；另一方面，人工智能的发展变革了心理学的研究方法和手段，拓展并深化了心理学的研究内容。

一方面，人工智能循着心理学的脚步不断发展，特别是认知心理学，给予了人工智能理论上的支持。心理学研究的是人类的智能，而人工智能研究的是如何模拟人类的智能。要想精准模拟，就需要清晰了解人类智能的发生发展方式与过程。当前机器学习的很多算法都借鉴自心理学理论，例如，强化学习的灵感来源于心理学中的行为主义理论，即有机体如何在环境给予的奖励或惩罚刺激下逐步形成对刺激的预期，从而产生能获得最大利益的习惯性行为。此外，在心理学认知科学的基础上，人类学习、推理等高级的认知功能都在不断启发人们开发更加智能的人工算法。

就目前人工智能的发展现状来看，人类智能中直觉思维层面和简单重复动作等较为基础的部分已经能被人工智能很好地模拟；人类智能中逻辑思维层面和复杂连续动作等具备一定复杂性的部分能被人工智能初步模拟但不够完全，不够成熟；人类智能中辩证思维层面和高难度、高精度动作这类具有社会性的高级部分还不能被人工智能模拟。此外，人类心理中的意识与自我意识、情绪情感、人格等人类自己尚未探究清楚的部分，人工智能更无法得之精髓。因此，有人担心人工智能的发展会使科幻电影里的故事变成现实，害怕类人机器人完整复制人类思维和意识，进而取代人类统治地球。其实，只要认清心理学的发展水平就可以知道，这在相当长的时间里都不太可能实现。

另一方面，人工智能的发展进一步推动了心理学及脑科学的发展。人工智能技术为脑科学研究提供了仿真模拟手段、系统与平台，使研究者能够以更加系统的方式观察大脑活动，从而对人类的感知觉、注意力、记忆力、执行功能，以及情绪情感等有更全面的理解。同时，人工智能领域的深度学习技术也大大提升了脑数据的处理效率。通过对庞杂的脑数据进行高效分析和建模，研究者可以更加精准地识别与情绪或注意力相关的诸多心理问题，促进脑科学研究成果在实际任务中的大规模应用。

此外，人工智能技术辅助的多模态数据采集和建模方法也大大丰富了心理学的研究手段。一直以来，心理学研究涉及的多样因素，比如个人先天特质、家庭因素、教育经历等，都难逃各因素之间的交互作用。传统心理学研究只能依靠精巧设计的实验范式，即控制所有其他可能的因素，来探究特定因素对于研究问题的影响，这就很难全面地揭示研究问题背后的多因素机制。在人工智能时代，人们在自然情境下的活动数据，包括生理、动作、面部表情等多模态数据能够被大规模、细粒度地采集，这将帮助心理学研究者剖析高维数据背后的复杂规律，揭示可能的统计学规律。换言之，传统心理学研究往往源于自上而下的理论驱动，这首先需要提出一个很好的理论假设，再通过采集数据来验证假设。而未来人工智能获取数据后，研究人员可以通过数据驱动，以自下而上的方式找到变量之间存在的关系，从而发现一些以往很难想到的新的理论和方向。可以预见，未来心理学因为研究方法的创新而取得突破性研究成果的范例将逐渐涌出，心理学研究将在人工智能的加持下，迎来一次全方位的大爆发。

停下来，测一测

鉴于心理学独特的学科性质，心理学从业者如果可以具有一些特质，那么将有助于他开展工作。请测一测，看看你符合这些特点的程度如何。

1. 我常常思考人们某种行为背后的原因。

2. 我觉得研究人比研究物更有趣，更有挑战性。

3. 其他人向我宣讲人类行为上的某种规律时，我总希望他们能拿出证据支持观点，否则就会持怀疑态度。

4. 我喜欢通过行为的测量和统计，发现有意义的差异。

5. 我善于从多个角度对某种行为进行解释，而不会仅关注一种因素。

6. 我能提出一些研究思路来帮助解释我所感兴趣的行为。

7. 其他人经常找我分享他们遇到的问题，并希望听取我的看法，而我也乐在其中。

8. 如果我无法解答自己的问题，我并不会特别沮丧。

9. 我通常很关注细节。

10. 我喜欢进行深入而细致的沟通，而不是看似热烈但很表层的交流。

11. 我喜欢做智力测验、人格测验等心理测验，然后琢磨结果的有效性。

12. 我觉得心理学的教育可以让我以后面临工作时更从容。

计分与解释：如果上述的大部分项目都符合你的状况和兴趣，也许心理学对于你而言比较适合。同时，你也可以通过这些项目更好地了解心理学家是做什么的，以及如何成为一位优秀的心理学人。

本节思考题

1. 心理学与精神病学及其他与人有关的学科的不同之处在哪里？
2. 心理学是如何从发现现象到总结心理规律的？
3. 请简述人工智能和心理学的关系，谈一谈二者会怎样相互促进。

实践项目

你发现一个现象，小孩子在聚会或者派对上如果吃了大量糖果之后，就会变得异常兴奋，跑跳嬉闹一刻也不停息。于是你猜测，可能是过量摄入糖分造成了孩子们的过度活跃。你想验证这个结论，你将如何去做？

第二节 “兽孩”是怎样炼成的——心理的本质

课前思考

提起“兽孩”，大多数人首先想到的可能就是“狼孩”。1920 年，在印度加尔各答东北一个名叫米德纳波尔的小城，人们常见到有一种“神秘的生物”出没于附近森林：一到晚上，就有两个用四肢走路的“像人的怪物”尾随在三匹大狼后面。人们打死大狼后，在狼窝里发现了两个由狼抚育长大的女孩，其中大的七八岁，被取名为卡玛拉；小的约两岁，被取名为阿玛拉。后来她们被送到一个孤儿院去抚养。阿玛拉于第二年死去，卡玛拉一直活到 1929 年。

狼孩刚被发现时，生活习性与狼一样：用四肢行走；白天睡觉，晚上出来活动，怕火、光和水；只知道饿了找吃的，吃饱了就睡；不吃素食而要吃肉；不会用手拿，只会将肉放在地上用牙齿撕咬；不会讲话，每到午夜后像狼那样引颈长嚎。卡玛拉经过 7 年的教育，才掌握 45 个词，勉强学会几句话，开始朝人的生活习性迈进。她死时估计已有 16 岁左右，但其智力只相当于三四岁的孩子。

“狼孩”可谓是“人的天性”和“狼的环境”较量比拼的结果。为什么人类遗传素质在遭遇了狼的世界后，变得无足轻重？人类健康心理的形成需要哪些要素？

人脑是心理产生的物质基础

人能以自己的方式认识外部世界，能够自由活动并适应新环境，这都要归功于大脑与神经系统组成的整个神经网络。

神经网络有两个基本组成部分：第一是中枢神经系统（Central Nervous System，CNS），它由脑和脊髓组成。超过99%的神经细胞都集中在中枢神经系统；第二是外周神经系统（Peripheral Nervous System，PNS），是将脑和脊髓连接到身体其他部位的神经网络。外周神经系统的功能是将信息传送到脑和脊髓，并且将中枢神经系统关于执行各种肌肉和腺体活动的命令传输出来。

外周神经系统又可以分为两个部分：一个是躯体性神经系统（Somatic Nervous System），由感觉神经和运动神经组成。感觉神经将皮肤和肌肉接收到的信息传送到中枢神经系统，例如疼痛、温度等，而运动神经则告诉肌肉做什么；另一个是植物性神经系统（Autonomic Nervous System），负责传递进出身体内脏的信息，支配如呼吸、心率和消化这样的加工过程。植物性神经系统可分为两个部分，使人体兴奋的交感神经系统（Sympathetic Nervous System）和起着抑制作用的副交感神经系统（Parasympathetic Nervous System）。整个系统的结构如图 1. 2 所示。

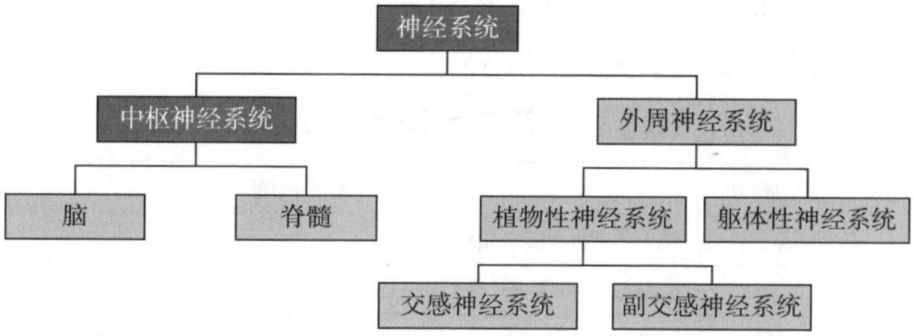

图 1. 2　神经系统结构

为了更好地理解神经系统的组成，现在用一个生活中常见的例子来了解他们的作用。想象一下你正在参加一场招聘宣讲会，这是一个你期待已久的公司。你盯着演讲人和他身后的幻灯片，努力理解和记住上面所讲的每句话。这时，你的外周神经系统将幻灯片上的文字通过眼睛传递到你的中枢神经系统，在这里由大脑对这些内容进行加工。在听到一个重要内容时，你突然想到了一个问题，你准备把它记下来，待会儿在互动环节提问。这时，你的外周神经系统又开始工作了。它将你头脑中的信息传达到你的手臂肌肉，使你能够在纸上写下这句话。信息从眼睛传到你的脑再传到手，这些都是躯体性神经系统在起作用。你此刻有点紧张，你感觉呼吸急促，心砰砰乱跳，这是由植物性神经系统中的交感神经唤起的。然而，你提醒自己，不要这么紧张，即使失去这次机会，后面还会有很多机会，你又重新恢复了信心。植物性神经系统中的副交感神经就开始工作了。

在神经系统的每个组成部分中，大多数的信息加工都发生在细胞水平，神经细胞化学物质与神经电冲动一起以每小时300—500千米的速度传递着信息，因此信息只需几毫秒就能从脑传输到手或者从手传输到脑。神经系统中存在两种细胞：神经元和胶质细胞。神经元是加工信息的神经细胞，胶质细胞为神经元提供支持和营养。人脑大约包含了1000亿个神经元，而每个普通神经元又与1万个其他神经元之间建立着物理连接，其复杂程度就像一台小型计算机，任何一点思考过程都需要数百万的神经元同时工作。

大脑是中枢神经系统的核心，根据进化的早晚形成三个层次：最原始的中央核、进化稍晚的边缘系统、负责更高级心理过程的大脑皮层。三个层次的组成部分与机能如表1.1所示。

表1.1　大脑三个层次组成与功能

三个层次	组成部分	主要机能
中央核	脑干	调节呼吸、心跳和血压
	小脑	调节反射和平衡、协调身体运动
	丘脑	重要的感觉中转站、调节高级脑中枢和周围神经系统
边缘系统	下丘脑	情绪和动机、压力反应

续表

三个层次	组成部分	主要机能
边缘系统	海马	形成新的记忆
	杏仁核	支配与自我保护相关的情绪
大脑皮层	枕叶	接受和加工视觉信息
	颞叶	嗅觉、听觉、平衡、情绪和动机、语言理解
	顶叶	躯体感觉中心，识别物体、理解空间关系
	额叶	目标导向行为、注意、情绪控制、复杂问题解决等

大脑的这些功能虽然有了区域的划分，但是大脑的可塑性却一直在帮助人类适应外界的环境。在现实生活中，不乏一些案例，有幼年因为疾病不得不对大脑进行部分切除，或者成年人因为车祸等因素发生了脑损伤。这些人在大脑受损的初期都会出现一些功能上的困难，例如，右侧大脑皮层切除的患者无法支配左半边身体的肌肉。但是，经过若干年的治疗，保留的大脑会逐渐替代失去的部分，发展出替代性功能。有案例显示，一位6岁因癫痫切除右侧大脑皮层的患者，在13岁时已经能行动自如，并且在音乐、数学、美术等方面有兴趣、有特长，而这些原本应该是属于右半球的功能。

客观现实是心理的源泉

拥有健全的大脑和神经系统为心理的正常发生发展提供了物质基础，但却不能确保一定发生。这就好比前文中的“狼孩”体内人类的先天遗传因素和基因为细胞发育编制了程序，它使人发展成为一个人，而不是一条鱼、一只鸟或一个猴子，也默认了各种心理机能出现的时间——人们总是先发展感知能力、运动能力，再逐渐发展出语言能力、思维能力等。所以，狼孩虽然在狼窝里生存多年，但是从外表上，她们并没有长出浑身的长毛、尖耳朵或者长尾巴，依然保持了人的模样。

然而，仅凭基因是远远不够的。狼孩姐妹的成长环境中，人类影响的缺失使她们错过了心理发展的关键期，最终长成一个“披着人皮的狼”——拥有人的外表，却保持着狼的内心。因此，客观现实是人类身心发展的重要保障。

师说心语——心理是如何产生的？

大脑是心理产生的物质基础，大脑是如何将外部客观世界整合入内部精神世界，进而产生各种复杂多变，而又精彩纷呈的心理现象呢？这个“黑匣子”里究竟存在怎样的奥秘呢？请扫码观看视频“心理是如何产生的”。

客观现实指自然界和社会生活的一切事物，以及人与人之间的全部社会关系。有了一草一木作为客观现实，人才可能产生视觉，看见蓝天碧草，莺歌燕舞；有了听众作为客观现实，演讲者才可能看清他们脸上的表情，及时调整自己的语言与思路；甚至一些高级的心理过程，比如想象，也要依靠客观现实才能完成。

中国古典神话小说《西游记》中骁勇善战的孙悟空是作者想象出来的。孙悟空会驾筋斗云，具有七十二般变化，有一根鬼见愁的金箍棒，孙悟空凭着这三样法宝上击天庭，下降妖魔，几乎无所不能。但是时至今日，孙悟空的这点本领与当代一些“英雄人物”相比就显得有些落伍了。《变形金刚》中擎天柱、威震天也会飞，但使用的是火箭推助器；他们也会变，但依靠的是部件精密咬合带来的变形；他们也降妖除魔，但依靠的是导弹、大炮等高端武器。《西游记》诞生于明代，在当时的社会环境下是没有这些高端科技的，因此作者吴承恩也无法想象出来。而现代科技的飞速发展为人们的想象插上了翅膀，也为这些动画人物的诞生提供了客观现实的保障。

客观现实是心理活动的源泉和内容，反过来，一旦脱离了客观现实，人的正常心理就得不到发展了。从幼年就完全脱离了人类社会文化背景的儿童，成人后的心理活动能力与一般动物无异：不会说话，智力低下；没有自我意识，不能区分镜像和自己的关系；没有完整连贯的长时记忆。重返社会后，即便经过了有计划的社会教育和培养，他们的智力有所发展，但都不能恢复到一般常人的水平，对于他们脱离社会环境的那段生活也不能保持记忆。即便是早年受过一段文明教育、年龄稍大几岁（3～5岁）的儿童，若长期被遗弃而脱离人类社会，也会发生人的心理特征的蜕变现象。

脱离客观现实不利于心理成长，错过成长关键期也会影响心理的正常发展。关键期也称敏感期或最佳期，在这个时期学习某种本领，或者发展某种心理品质会相对容易，而一旦错过这个时期，学习则变得较为困难，甚至影响终生。例如，出生到3岁是视觉发展的关键期，1岁半到2岁是口语发展的关键期，3岁是培养性格的关键期，4岁以前是形象视觉发展的关键期，5岁是幼儿掌握数的概念、进行抽象的数的运算的关键期。

知识加油站——人格发展关键期

美国心理学家埃里克森（Erik H Erikson，1902—1994）是新精神分析派的代表人物。他把人格发展按照生理年龄划分为八个阶段，认为在每个阶段，人们都有特定的发展任务，可谓是各部分人格发展的“关键期”。如果顺利通过，那么人格会发展得更健全，反之，人格则会有一些缺失的部分。有人将每个发展阶段的关键人格总结为一个口诀：“信婴儿、早自主、前主动、龄自卑、同青年”（见表1.2）。

表1.2　埃里克森人格发展八阶段论

阶段	人格发展任务	发展障碍者的心理特征
婴儿期	发展信任感，克服不信任感	面对新环境时焦虑不安
儿童早期	培养自主感，克服羞怯与疑虑	缺乏信心，行动畏首畏尾
学前期	培养主动感，克服内疚感	畏惧退缩，缺少自我价值感
学龄期	培养勤奋感，克服自卑感	缺乏生活基本能力，充满失败感
青年期	建立同一性，防止角色混乱	生活无目的论、无方向感，时常感到彷徨迷失
成年早期	发展亲密感，避免孤独感	与社会疏离时感到寂寞孤独
成年中期	获得繁殖感，避免停滞感	不关心别人与社会，缺少生活意义
成年晚期	获得完善感，避免绝望与沮丧	悔恨旧事，徒呼奈何

心理具有主观性

人脑接收到客观现实提供的信息，就开始进行一系列内部加工过程。这个加工绝非“平面镜”一般的直接反映，而是基于原有的知识经验，加入了人的主观意志的反映。所谓“仁者见仁，智者见智”展现的就是主观加工后的结果。

生活中的心理学——最帅男人和最美女人

想知道世界上最帅的男人和最美的女人长什么样吗？据英国《镜报》2015 年 3 月 30 日报道，研究人员日前使用电脑合成软件 E – fit 模拟出了英国人眼中“最帅的男人和最美的女人”。英国面部研究专家克里斯·所罗门（Chris Solomon）博士详细调查了英国民众对于美的看法，在综合大多数人的意见之后，利用警方专用的 EFIT – V PhotoFit 软件，耗时两个月完成了“最美人脸”合成过程。该软件考虑了嘴唇厚度、鼻子的长宽以及发际线高低等因素，最终形成如图 1.3 所示。

图 1.3　世界上最美的男人和女人

这两张图是否符合你心目中“最美”的标准呢？或许你在心里默默摇头，或者你觉得不过如此。其实，所罗门博士自己也说，这仅仅代表了英国人的审美，如果是让亚洲人或者非洲人来投票，肯定又会有不一样的结果。看来，美感这种心理现象带有浓重的个体主观色彩。

任何一种心理现象都是人脑对客观现实的主观反映。人脑对客观现实的反映，不会像镜子与物体相互作用那样一五一十，照搬照抄，而是一种积极的、能动的反映过程。人脑会结合以往的知识经验，主动地把外界客观事物转化为主观的心理反映，表现在感觉、知觉、思维等心理过程中。因此，对同一个对象进行认知和判断，不同的人往往会得到完全不同的结论。

同样是20℃的气温，有的人已经换上了春衫，有的人还裹着冬装，反映出人们对温度感觉的主观差异；同样是一幅抽象派的油画，有的人看出了热烈，有的人感受了苍凉，反映出人们想象的主观差异；同一部小说或者电影作品，有人观后感动到热泪盈眶，有的人感受平平，反映出人们思维的主观差异；“环肥燕瘦”反映了不同朝代审美观的差异，也借喻艺术作品风格不同，各有所长。

当然，心理现象是人脑对客观现实的主观反映，并不是随意反映，更不是毫无规律可循。个体以往的知识、经验和成长背景等为主观反映圈定了范围，指明了方向。鲁迅先生在评价《红楼梦》时曾说：“单是命意，就因读者的眼光而有种种。经学家看见《易》，道学家看见淫，才子看见缠绵，革命家看见排满，流言家看见宫闱秘事。”这就指出每个人的立场和背景决定了对事物的不同反映。

生活中的心理学——“爱显摆”的女同事

生活中你有时会遇到一些人，在初步接触之后，觉得他个性古怪，言行举止匪夷所思。于是你可能心生厌恶，也可能敬而远之。其实，任何人的思想观点、人格特点的形成都不是“空穴来风”，都有其客观现实的基础。如果你愿意追寻他的成长过程、家庭环境、亲子关系、重要他人……你可能会陡然发现，当下他所做的一切都显得那么理所当然，合情合理。而你之所以会感觉他很“古怪”，也不过是你基于自己所接触到的“客观现实”而形成的一套价值体系对他进行评判之后的结果。

小李是一家公司的职员，办公室里有一位同事让小李颇为反感。用小李的话说，这是一个“爱显摆”的女人。这位女同事但凡在工作中做出一点小成果，必然会陶醉其中。这还不够，还要拖住其他人展示一番，以期求得别人的夸奖。而那些善良的同事们随口送上的赞美之词常会让这位女同事喜不自胜，进一步加剧了她“求夸奖”的行为。小李特别纳闷，别人的认可真的那么重要吗？难道她看不出同事们夸奖中的“敷衍”吗？

直到有一次公司搞团建，小李和女同事做了一周的“室友”，才了解到这位女同事的过去。她出生在一个多子之家。身为家中的第二个孩子，她既不能像长姐那样得到重视，又不像小弟那样受到家人的宠爱。身在“夹缝”中的她，从小就体会了被冷落的孤寂感。为了博得父母的关注，她从小就学会了“讨巧”，力争做一些有显示度、能被爸妈赞扬的事情。哪怕赞扬并不一定以奖励的形式出现，有时甚至只是一个赞许的眼神，或者摸摸头，她都感觉很幸福。在她的世界里，爸妈的认可是她在兄弟姐妹间立足的底气，更是她评价自己的准绳。在了解到这些之后，小李说，原来她以为女同事的“显摆”是为了彰显自己技高一招，如今看来，那不过是一个缺乏安全感、缺乏爱的孩子用尽全力向外界发出的求救信号罢了。从这以后，小李不再讨厌女同事“求夸奖”的行为，甚至有时还会主动为女同事点个赞呢！

本节思考题

1. “士兵有时会做出英勇的行为，这不一定是因为他们具有英勇的人格，也可能是因为他们所处的情境激发出了他们的勇气。”请用本节所学理论解释这一现象。

2. “人的社会实践、知识经验会影响到人们对客观事物的主观加工，但同时这些主观认知会反过来对人类的行为和实践产生影响。”请举例说明上述观点。

实践项目

请从社会热点事件中选择一个作为案例，采用扎根理论分析各方观点的差异，以及这种差异产生的原因，借此研究心理现象的主观性。

第三节　看不见摸不着怎度量——心理学研究方法

课前思考

在心理学发展史上，有一位传奇式的心理学家，名叫珍妮·古道尔(Jane Goodall)。1934年，珍妮出生于英国。她从1960年开始就单枪匹马深入非洲观察黑猩猩。最初，黑猩猩对这位闯入其领地的不速之客纷纷躲避，珍妮只能在500米开外观察它们。为了求得黑猩猩的认同，珍妮露宿林中，吃黑猩猩吃的果子，在茂密的热带雨林当中穿梭爬行。她也遇到过黑猩猩对她的威胁，但她临危不惧，化险为夷。她还一天天轻手轻脚地跟在黑猩猩群后，模仿黑猩猩的动作和呼叫声，仿佛自己是黑猩猩中的一员。她甚至还救助过一只受伤的小猩猩，并把它安全送回群落。珍妮的辛苦没有白费，15个月后，黑猩猩们对珍妮的出现终于习以为常，即使珍妮坐在它们身边，它们也懒得多看她一眼。

黑猩猩群落对珍妮的接纳为珍妮观察人类的近亲黑猩猩提供了绝佳机会。珍妮发现，人类绝非唯一会使用工具的动物，黑猩猩也会使用工具；黑猩猩也并非素食动物，它们和人类一样，属于杂食动物；情感也并非人类所独有，黑猩猩之间表达感情的时间远多于觅食……珍妮·古道尔在热带雨林里对黑猩猩的观察第一次揭开了黑猩猩王国的奥秘，弄清了黑猩猩群落内部的复杂结构，以及它们的亲缘关系、等级关系，这对人们研究自身以及物种的演化提供了宝贵的第一手资料。

珍妮通过十数年对黑猩猩的近身观察，了解黑猩猩，那么，对于人类行为能否采用同样的方法观察了解呢？心理学还有哪些方法可以帮助了解人类的心理和行为？

观察法

珍妮·古道尔所用的这种方法被称为观察法。观察法指在自然条件下，在一定的时间内，通过人的眼睛、耳朵等感觉器官或录音、录像等科学仪器，按照已经设计好的目标和步骤，来考查和描述人的各种外在的心理活动和行为，从而收集研究资料的一种方法。珍妮·古道尔使用的这种方法，是在自然情境中对人或动物进行观察，属于自然观察法。

自然观察法最根本的优点在于日常生活中所观察到的行为更为自然、自发、丰富，但它也有一定的缺点。在自然情境下进行观察的心理学家只有在目标行为出现时才能进行数据收集，对于那些不想研究的行为却没有办法跳过。当他们想研究某一行为的细节时，却不能按下暂停键进行深入研究。自然观察法还存在另外一个缺点，就是观察者偏差（Observer Bias）。即使是受过训练的观察者，他们也可能不由自主地根据自己的期望、经验等，对观察所见进行细微的扭曲，以使结果符合自己所希望看到的情形。也正是这个原因，当代的观察法在使用时经常采用录像技术，然后，让那些不知道研究正式目的的其他研究者对影像进行分析和评估。此外，自然环境是不可重复的，来自自然观察的信息不能重复验证。但是，自然观察法却经常能够发现一些新现象、新想法，提出新的理论，从而为实验室里的研究者提供更多元的视角，进而促使研究者们在实验室中进行更为系统和详细的分析研究。

与之相对应的，在人为控制的预设情境中进行的观察被称为控制观察法。控制观察法有利于探讨事物内在的因果关系。缺点在于，如果被观察者发现自己处在监视之下，可能会造成动作失真，或者出现作假的情况。为了避免这种情况发生，现代研究多采用“行为观察室”，通过微型摄像头、微型麦克风、单向玻璃等设施对人进行观察，在不知不觉中研究人们的行为（见图1.4）。

图1.4　国内某高校的儿童行为观察室

（注：背后的镜框为安装单向玻璃的观察窗，房顶四角安装有微型摄像仪）

实验法

观察法的优点在于保证了观察内容的真实性，但是它最大的缺点在于只能被动等待心理现象发生，并且观察的结果很难重复验证。实验法则很好地弥补了这两个缺憾。实验法指有目的、有计划地控制条件，使被试产生某种心理活动，然后进行分析研究，以得出心理现象发生的原因或起作用的规律。该方法最大的特点在于可以人为地控制、操纵实验条件，找到行为和行为背后心理原因之间的因果关系。

实验中有两类变量，自变量和因变量。自变量（Independent Variable）是可以操作、有影响力的实验因素，它是一种可能存在的原因。实验法就是通过操作自变量的变化来研究它的影响。一个实验当中可以包括多个自变量。因变量（Dependent Variable）是指实验中会随自变量变化而变化的因素，研究者操纵自变量时，会记录因变量的所有变化。除了自变量和因变量，还有一类变量被称为控制变量（Controlled Variable）。控制变量是除实验因素以外的可能影响实验结果的变量。它并非无用，而只是在该研究中不被关注而已，所以控制变量也被称为无关变量。一个优秀的实验设计需要将自变量以外一切能够引起因变量变化的变量都控制好，这样才能确定自变量和因变量的因果关系。

例如，在实验“教师对学生前期学习结果的反馈方式对学生后续学习动力的影响”当中，自变量是教师对学生前期学习结果的反馈方式，包括三个水平：物质奖励、精神奖励和无奖励，因变量是学生后续学习动力。实验过程可以设置对照组，让三组学生完成相同的学习任务，如背等量的英语单词，然后给予他们不同的反馈方式。第一组奖励金钱、第二组奖励奖状、第三组没有任何奖励。在之后的实验中，要求学生自主决定背单词的数量，以此作为因变量“学习动力”的可操作化指标。研究目的是期望看到哪种反馈方式对学生的学习动力影响最显著。

在这个实验中，控制变量有很多，例如学生前期的学习动力、学生之前掌握的单词数量、学生对英语学习的态度，甚至实验当天学生的心情等，这些控制变量都有可能对实验结果产生影响。为减少这些无关变量的影响，有时会采用随机分配（Random Assignment）的方法，确定三个组被试的人选。

当然，还可以从实验设计本身出发，规避个体差异对结果的影响。例如，不再对学生随机分组，而是从时序上，让所有的学生依次接受三个水平自变量的处理，然后对比被试自己在不同水平处理下的结果。例如，还是这个实验，学习任务依然是背单词，但是在一周的前两天让所有的被试都接受物质奖励的反馈方式，然后记录他们主动背单词的数量；在之后的两天进行精神奖励，最后的两天无奖励。然后，对比每个学生在三种处理下的主动背单词数量。因为学生自身的个体变量，如学习态度、学习能力、单词积累等，在这六天里基本不会发生变化，那么，因变量的变化可以认为是自变量反馈方式的变化引起的。

这种实验方法较好地规避了个体差异对实验结果的影响，但并非没有瑕疵。三个水平的实验顺序可能会影响被试的期待，进而影响实验结果。先感受物质奖励，后感受精神奖励的被试，和相反顺序的被试可能产生完全不同的“获得”感受，进而影响后续背单词的动力。此外，练习效应、疲劳效应也都可能对实验结果造成影响。因此，在此类实验中，常采用完全平衡法或拉丁方平衡法来减少顺序的影响，也就是让三种奖励方式的出现顺序随机在不同学生中进行安排。

第一种设置对照组的实验设计方法被称为被试间设计（Between - subjects Design），其特点是每个被试只接受一个自变量水平的处理，因此各自变量水平之间不可能相互影响或污染。但是被试间设计的主要问题在于，由于接受自变量不同水平处理的被试各不相同，很难分辨出因变量的变化是由于被试间的差异所致，还是由于自变量的变化所致。第二种实验设计方法被称为被试内设计（Within - subjects Design），其特点是所有被试都会受到每一水平自变量的影响。这样不但节省了被试人数，而且被试个体差异得到了很好的控制，但却必须面对实验处理水平之间相互污染的问题。因此，两种实验设计各有千秋，要根据研究变量以及实验的特点来决定选择哪种实验设计（见图 1.5、图 1.6）。

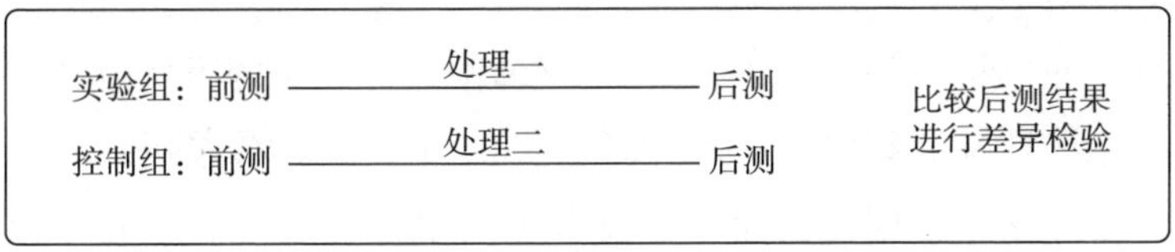

图 1.5　被试间设计基本原理

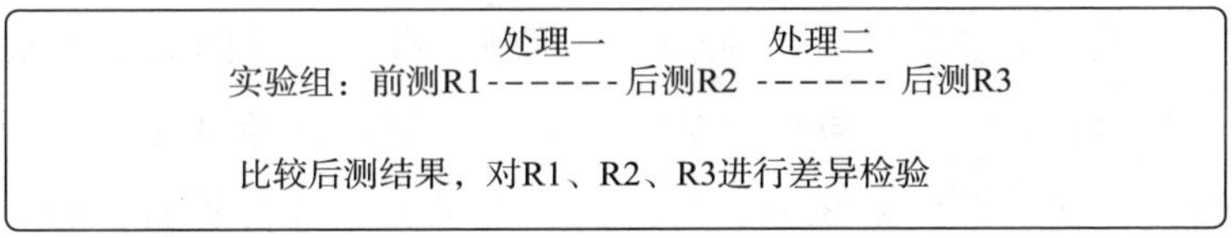

图 1.6　被试内设计基本原理

师说心语——小实验里的大学问

“霍桑实验”是管理心理学领域的经典实验。美国芝加哥西部电器公司所属的霍桑工厂虽然有着完善的娱乐设施、医疗制度和养老金制度，但工人们仍愤愤不平，生产绩效很不理想。为找出原因，研究者们先后开展了照明实验、福利实验、访谈实验、群体实验等。最终发现，真正影响工作效率的可能不是福利待遇和物质环境，而是人们内在的心理因素。这个实验直接造就了“人际关系理论”的诞生，第一次促成了管理学和心理学联姻，让管理者们意识到科学管理理论的不足，进而开始尝试关注生产关系中人和人际关系的因素。此外，霍桑实验采用准实验设计的方法探索环境因素与工作效率的关系，这对于心理学研究方法的进展具有推动作用。下面，我们将从方法学的视角分析这个实验，请观看视频“小实验里的大学问”。

霍桑实验和前文的学生学习动力实验都是在自然场景下进行的，所以也被称为自然场景实验。还有一些实验要借助实验仪器才能完成，被称为实验室实验。这种实验多对基本的心理现象开展研究，例如利用棒框仪对认知风格中的场依存性和场独立性进行测查、利用眼动仪对视觉路径进行追踪、利用皮肤电测量仪对情绪反应进行量化等。

随着计算机技术的不断发展，实验室实验从刚开始的测查生理反应、行为反应，逐渐发展到引入认知神经科学的方法，探索大脑“黑匣子”里的秘密。心理学中常用的认知神经技术包括事件相关脑电位技术（ERP）、正电子发射断层扫描（PET）、功能性核磁共振成像技术（fMRI）、经颅磁刺激（TMS）、功能性近红外光谱成像技术（fNIRS）等。

事件相关脑电位是与实际刺激或预期刺激有固定时间关系的脑反应所形成的一系列脑电波。该方法的基本逻辑是：根据外部事件，比如刺激的呈现或反应，将一系列测试所得到的脑电图对齐并进行叠加、平均。经过这样处理的脑电图去除了与目标事件无关的脑电活动的变异，进而提取与刺激相关的信号。该信号反映了特定感觉运动或认知事件相关的神经活动，为内在神经活动提供了精确的时间记录，可以描绘出信息在大脑中加工时神经活动的动态变化。该技术具有较高的时间分辨率，但空间分辨率较差。

功能性磁共振成像是一种新兴的神经影像学方式，其原理是利用磁振造影来测量神经元活动所引发的血液动力的改变。由于 fMRI 的非侵入性、没有辐射暴露问题，从 20 世纪 90 年代开始它就在脑部功能定位领域占有一席之地。fMRI 在观察活动中的大脑时，不仅时间分辨率更高，就连空间分辨率也可达到毫米水平。借助 fMRI，对大脑的研究便可扩展至记忆、注意力、决策……在某些情况下，fMRI 技术甚至能够识别研究对象所见到的图像或者阅读的词语。

fMRI 的另一个特点是，能实时跟踪信号的改变，例如，在几秒钟内发生的思维活动，或认知实验中信号的变化。医学领域的迫切需求也进一步促使 fMRI 技术的发展，一些在病理方面的应用已初见端倪，例如，利用扩散（Diffusion）成像和灌注（Perfussion）成像技术对大脑局部缺血进行诊断等。

知识加油站——微笑会让人愉悦吗？

人们都知道，人在高兴的时候会微笑，那么反过来，人如果微笑，有可能让自己高兴起来吗？回忆你过往的经历，你也许只记得不高兴时候挤出的一丝苦笑吧，你告诉自己，那绝对不是令人愉快的体验。个人经验如此，那大脑的活动是否和经验一致呢？发表在顶尖期刊的一篇文章发现，在人们没什么高兴事的背景下，如果能够做出微笑的表情，那么大脑负责情绪的前额叶皮层也被瞬间激活了。由此可见，人高兴的时候会微笑，而微笑也真的可以让你高兴起来。试想一下，如果没有像 fMRI 这样的探测技术，人们又怎能揭示“黑匣子”内部的秘密呢？

经颅磁刺激是一种能够无创地在大脑中产生局部刺激的方法，它通过相关装置触发后放出强大的电流，通过线圈产生磁场。当线圈放在颅骨表面时，磁场穿过头皮，产生感应性电流，激活皮层，从而改变大脑内的生理过程。例如，当线圈置于运动皮层控制手活动的区域时，刺激会激活手腕和手指的肌肉，能带来手的抽搐，但却是一种不由自主的手部运动。经颅磁刺激的优势是，该技术可以作为暂时性的虚拟损伤，选择性地干扰某一特定皮层区域的正常活动，但又是无创且安全的。此外，该技术可以精确地探测出脑活动与认知任务之间的因果关系。

近年来，认知神经科学不再满足于通过单脑扫描，了解刺激与大脑反应之间的联系，开始尝试探索人际互动、社会交流或决策中群体的神经活动模式。这种技术被称为超扫描，即借助神经影像学技术同时记录共同完成某一认知活动的多人脑活动的技术，进而分析大脑信号间的相似性、相关性、相干性以及因果关系等。例如，在信息交流方面，探索言语交流、眼神交流、情感交流等活动发生时的多脑耦合机制；社会决策方面，则围绕合作与竞争等互动发生时的多脑耦合机制开展研究；此外，社会互动中脑际活动同步机制也越来越受到研究者的关注。超扫描技术将是未来人际神经科学（Interpersonal Neuroscience）领域发展的主要依托和工具。

调查法

除了实验法之外，调查法是心理学研究的又一常用方法。调查法分两种，一种是访谈法，另一种是测验法。

访谈法就是针对选定的人群，通过面对面询问或者通过电话、网络等方式来回答预先设定的问题。例如消费者调查、公共服务满意度调查、对某事的态度调查等。访谈的问题可以是非结构化的，可自由回答的，例如“你觉得婚姻是爱情的坟墓吗”；也可以是结构化的，即有固定答案，被访者只需要在固定答案中进行选择即可。例如“你每周使用某个平台购物的次数是多少”。

访谈的问题必须清晰明了，并且要具体。因为面对面的访谈会给被访者带来一定压力感受，他们为了维护自身形象，会倾向于做出得到社会赞许的回答，而非自己的真实想法。例如“下属犯错时，你会暴怒并用严厉的语言指责他吗”被访者可能更倾向于做出否定回答，因为这样的回答更可能塑造“好领导”的形象。但这很有可能是不真实的。如果换一种问法：“你上一次用严厉和激烈的语言指责下属是在什么时候”“在什么情况下，你觉得有必要用严厉和激烈的语言指责下属”，这就可能引出一个真实的回答。因为这些问题是具体的，并含有“大多数领导都会这样做”的意思在内，研究者只是想问“何时”与“为何”而已。另外，进行访谈的人员必须非常谨慎，要尽可能避免问一些引导性的问题，例如，“大多数当领导的都会惩罚下属，你的观点是什么”，这实际给了被访者暗示。

测验法是采用标准化的心理测验，对人的某种心理特点进行评价的方法。标准化的心理测验要求人们回答一连串书面或口头问题，据此记录某一个体的答案并得出一个或一组分数，最后把个体的分数与同类团体的分数相比较，从而判断与其他人相比该个体所处的水平。例如，比奈—西蒙智力测验包含59个题目，被测者在完成力所能及的题目之后，会根据规则得到一个分数。将该分数与常模相对比，就可以知道该被测者的智力与同龄人相比处于怎样的水平。

标准化测验的优点在于它能够提供个体差异的信息，但是，它也存在问题。标准化测验的基本前提假设是，个体的行为是稳定的。然而，实际情况是，标准化测验的两个主要内容——人格和智力是随情境变化而变化的。比如，一个幼儿在学校老师面前得到的标准化智力测验的分数可能会低于在家做测验的分数，因为他在家会体验到较少的焦虑。此外，跨文化心理学家也提醒人们，很多在西方文化中发展出来的心理测验，在其他文化中可能会不适用。因此，引入其他国家的心理测验为己所用时，一定要注意将测验进行本土化，并再次确认其有效性。

师说心语——度量心理的尺子

心理测验到底准不准？人们对这个问题众说纷纭。有人认为心理测验能够“看穿人心”，帮助了解内在的自我；还有人认为心理测验“很好骗”，偷偷作假似乎也不会被发现；还有人认为星座比心理测验“灵”多了；还有人想知道，心理学测验和相面算卦有没有共通之处。看来，对于心理测验，人们是既好奇又怀疑，想了解但又带着几分迟疑。那么，请观看视频“度量心理的尺子”。

标准化测验为何有效？以人格测验“卡特尔16种人格因素量表”为例。心理学家事先通过理论推演，得到了人格的16个因素，它们各自独立，相互之间的相关度极小。之后，将大量代表着每种心理特质的行为汇集在一起，编织成问题。例如，测量“乐群性”维度的部分题目包括：“如果我在工厂里工作，我宁愿负责技术科的工作/宣传科的工作”“如果薪酬福利相同，我宁愿做森林管理员/中小学老师”“每逢过年过节或亲友结婚时，我喜欢赠送礼品/不愿相互送礼”“根据我个人的兴趣，我愿意参加摄影组织活动/文娱队活动”。这些题目看起来毫不相关，所涉及的领域也五花八门，但在其背后都有一根“红线”贯穿其中，即“乐群性”这一心理品质。所以，如果在题目中描述的一系列行为样本中都得到高分，就可以判定该个体具有乐群性的人格特质。

当然，这些行为样本的选择也经过了严格的过程。一般会对大量行为样本编制题目，并在大样本中施测。然后，根据被试在各个测试题上的得分进行因素分析，具有相关性的题目就会聚合在一起。经过反复推敲和题目的增减，甚至多轮试测，最终使测验的信度、效度、区分度等达到标准，一个科学、可信的心理测验就诞生了。

知识加油站——信度与效度

一个心理测验要想成为衡量人类某种心理特征的精确“准绳”，很重要的一点就是它的信度、效度应该达到相应标准。信度，也叫可靠性，指的是测试结果是否稳定可靠。效度，也就是有效性，是反映一个测验或测量工具能真实地测量出所要测量的事物的程度。测验有没有效度，主要看能否准确地测量所要测量的东西。可信是前提，如果信度低，效度肯定低；如果效度高，信度肯定高。信度高，效度不一定高；效度低，信度也可能不低。在心理学的学科体系中，“心理测量学”专门对这个问题进行研究。

质化研究法

以上三种方法都属于量化研究方法，近年来，质化研究方法（Qualitative Research）逐渐兴起。质化研究是以研究者本人作为研究工具，在自然情境下采用多种资料收集方法，对社会现象进行整理性探究，使用归纳方法分析资料和形成理论，通过与研究对象互动对其行为和意义建构获得解释性理解的一种行为。在具体研究方式上包含广泛，民族志、实地调查、扎根理论、焦点小组、深度访谈、参与观察等都属于此类。

质化研究有专门的、严格的系统化分析程序。大致可以分为以下六个步骤：第一，对研究对象进行访谈，搜集大量访谈资料、个案、观察资料等；第二，从一手资料中找出核心概念，将资料进行逐级译码；第三，对资料和概念不断进行比较，系统地询问与概念相关的生成性理论问题；第四，由初步的感性概念上升到理论性概念，并建立概念之间的联系；第五，进行理论抽样，并系统地进行资料编码；第六，建构理论。

相比量化研究，质化研究的优势体现在三个方面。首先，质化研究强调在自然情境之下探究社会现象，将研究对象置于社会现实环境中进行全面考察，同时注重对社会现象的整体性和相关性进行全面探究。因此，质化研究常被用来对一些没有定论的新概念、新现象开展探索性的研究。其次，区别于量化研究提出理论假设到验证假设的严密过程，质化研究的整个过程更具有开放性，它并不要求研究者一开始就提出具体的理论假设，而且允许研究者结合自己经验，不断地修正研究问题，根据新的问题再不断修正研究设计，更具有灵活性。最后，质性研究强调研究者的体验、观察和感受，重视研究者与被研究者之间关系的建立，尊重被研究者的主体性，与“人”的日常生活更加接近，具有人文精神的特征。

当然，质化研究也存在一定局限。第一，研究者对研究的开展和结果影响较大，具有一定的主观性。质性研究是研究者根据自己确定的研究目的，选取适合的研究样本，以研究者自身为研究工具，与被研究者通过对话、倾听、互动来收集材料，进而对这些材料进行整理描述和解释。这就对研究者提出了较高的要求，研究者要有高度的问题意识、前沿意识，掌握好研究过程中与被研究者互动的技巧，有较高的理论水平。所以，研究者个人能力会对研究结果产生较大影响。为此，质化研究者往往面临描述是否客观、推理是否合理与科学的质疑。第二，质化研究的可推广性受质疑。由于质化研究一般遵循“目的性抽样”的原则，根据研究的目的和性质来决定抽取哪些能够对研究提供最大信息量的人作为样本，因此质性研究选择的样本范围小，所得到的结论也可能不能像定量研究一样，推广到更大的范围。但也有研究者争辩说，质化研究的任务不是试图通过几个样本的研究找到可以推广的普遍规律，而是在对社会现象进行长期深入、细致研究的基础上，分析社会现象的动态性与复杂性，并寻找解决问题的办法。因此，不能将可推广性视作其缺陷。

本节思考题

1. 请总结每种研究方法的优缺点，并谈一谈这些方法的适用边界。

2. 人们常说“心理学是一门随着研究方法的不断进步而进步的科学”，你如何理解这句话？

实践项目

目前要研究“医护人员的情感性帮助行为对病人的治疗满意度的影响”这一课题，请分别用观察法、实验法、调查法对该话题进行研究，并对比研究结果，撰写研究报告。

第四节　古老而又年轻的心理学——心理学的历史

课前思考

心理学界流传这样一句话，心理学是一门既古老又年轻的科学，它有着悠久的过去，却只有短暂的历史。这句话听起来似乎前后矛盾，但却是心理学发展史的生动描述。说它古老，是因为人类探索心理现象已经有两千多年的历史，说它年轻，是因为它登上历史舞台只有一百多年的时间。这样一门继承了先人的深厚积淀，又在当下表现出旺盛活力，发展迅速的学科曾经走过了一条怎样的道路呢？未来，心理学将如何发展，如何更好地服务人类社会？心理学如何支撑人工智能的发展呢？请带着这些问题，开始下面的学习。

心理学的建立

心理学是在哲学和生理学发展的基础上，经过不断探索、研究而发展起来的。纵观历史，人类对人性的了解，比起科学知识的产生要晚得多。在西方文明史中，最古老的涉及心理学问题的著作是荷马诗集《伊利亚特》和《奥德赛》。虽然书中讲述的是爱情与战争的故事，但却包含了对人类行为的解释。之后的哲学家们针对灵魂、认识论、人性三个话题进行了苦苦的思索：灵魂存在吗？它性质如何，有哪些功能？人类如何认识世界？人的本性是怎样的？这些问题都成为后来心理学研究的发端。

直到17世纪，法国哲学家笛卡尔（Rene Descartes）提出了“反射”的概念，并提出了身心分离的二元论，他的观点对心理学的发展产生了重要影响。之后直到19世纪，经验主义的哲学思想深刻影响了心理学的发展，洛克（John Locke）将后天的经验划分为外部经验和内部经验，前者指的是来源于客观世界的感觉，后者指的是思维、情绪等内部活动，并提出了“简单的观念是由感官经验而来”的观点，这与后来科学心理学有关心理现象的研究有了某种程度的契合。

如果说哲学怀抱中的孕育使心理学的思想得到了丰富发展，那么，来自生理学方法上的推动，则将心理学真正从幕后推到前台。德国生理学家缪勒（Johannes Müller）对神经细胞特殊功能的探讨，赫尔姆霍兹（Helmholtz）测得的神经冲动的传导速度，费希纳（Fechner）创立的心理物理学方法，韦伯（Weber）在感觉阈限方面的贡献，都极大地推动心理学从之前哲学思辨的范式中走出，以科学、量化的手段进行全新视角的探讨。

任何一门学科的创立都不是偶然。经过哲学怀抱的孕育，生理学方法的推动，1879年，冯特（Wilhelm Wundt）在德国莱比锡大学建立了世界上第一个心理实验室。这一事件被公认为科学心理学的开始，冯特被称为“心理学之父”，也是心理学史上第一位真正意义上的心理学家。他所著的《生理心理学原理》一书也成为第一本心理学著作。心理学终于脱离哲学的襁褓，以独立的姿态登上了历史舞台。

知识加油站——心理学之父的生平

在19世纪后半叶之前，心理学像个流浪儿，一会儿敲敲生理学的门，一会儿敲敲伦理学的门，一会儿又敲敲认识论的门，直到1879年才成为一门实验科学，有了一个安身之处和一个名字。而这一切都归功于一位名叫冯特的人。

冯特出身名门望族，他的家族中出了很多杰出人才。然而，出身于这样一个优渥家庭中的冯特童年却并不幸福。小的时候，他没有什么玩伴，哥哥外出求学，其他的兄弟姐妹都在幼年夭折。冯特的成长过程中只有一个智力障碍的兄弟为伴，更多的时间是他自己孤独地度过。也正因为如此，他养成了喜欢思考的习惯。冯特的才能在升入大学后逐步显露出来，他就读于海德堡大学，学习医学专业，在课程和研究上非常认真执着，每一科的考试都名列前茅。大学毕业后，冯特起先任教于海德堡大学，后又转到莱比锡大学，并于1857年开始在生理学系担任老师，开设了一门实验生理学课程。起先学校似乎并不看好他这门课程，只是按照选课学生的多寡支付冯特的报酬。直到1876年情况才逐渐好转，莱比锡大学考虑到上课所需实验仪器搬运困难，就给冯特分了个库房存放实验器械，冯特索性就把这间仓库变成实验室，用来为学生们上课。而正是这间库房成为世界第一个心理学实验室，科学心理学就诞生于此。

冯特是一个“工作狂”，一生中大部分时间都在著书立说，培养学生。在他之前，没有专业的心理学工作者，也没有专门的心理学派。而随着冯特创建第一个心理学实验室，世界各地的大批青年到他这里学习。这里成为培养出世界上第一批职业心理学工作者的学府和摇篮。从这里培养出来的心理学工作者遍布欧洲、美洲和亚洲。民国时期的北京大学校长蔡元培先生就是冯特的实验心理学学生，回国后，他建立了中国第一个心理实验室，并主张“思想自由、兼容并包”。

心理学一经独立，立刻显露出非凡的生命力。之前埋藏在哲学怀抱中的心理学思想纷纷涌现出来，或独树一帜，或另辟蹊径，都在用自己的声音对人的心理进行着解释。一时间，世界上大大小小的心理学流派多达十几个，呈现出百家争鸣的态势。这些不同的流派在不断争论的过程中，也在不断融合，最终形成几个最有影响力的流派。

精神分析学派

精神分析学派的一个显著特点是，它并非源于心理学，而是产生于精神病学。这与他的创始人密不可分。弗洛伊德（Sigmund Freud）首先是作为一名精神病科医生出现在公众面前的，在接触了大量精神病患者的案例之后，他从实践中总结出了一套自己的学说。精神分析学派在产生之初饱受争议，之后逐渐被越来越多的信徒们支持，直至今日，精神分析学派关于人类意识结构的分析已经渗透到了心理学、精神病学、文学、电影等各个领域。弗洛伊德也因为其特殊的贡献被称为20世纪影响人类文化的最著名学者之一。

生活中的心理学——电影里的精神分析

精神分析思想不仅影响着心理学、精神病学，还对文学、电影等领域产生深刻影响。在第83届奥斯卡奖评选中，电影《盗梦空间》斩获包括最佳摄影奖、最佳视觉效果奖、最佳音响编辑奖和最佳音效合成奖在内的4项重要技术奖项，可谓当届获奖影片中最闪亮的一颗星。而这部电影就是基于弗洛伊德精神分析理论而编剧的。

电影的主人公柯布是一个极富天分、技艺高超的“盗梦者”，他擅长潜入他人的梦境去获取他人内在的真实想法，通过一种精神的同步介入实现对他人思想和行为的真正干预和塑造。这个观念设定的有效性就源于精神分析学说对梦和潜意识的全新界定和阐释。弗洛伊德认为“梦是人被压制的本能欲望变相的满足”“梦的内容乃是欲望的满足，而梦的动机却是一种欲望”，从根本上来说“梦是一个人与自己内心的真实对话，是向自己学习的过程，是另一次与自己息息相关的人生”。从精神分析角度看，梦不是完全非理性的、杂乱无章的意象、观念和情绪的碎片，而有其内在的逻辑和意义，这种意义可以通过对人的心理或者意识结构的重新发现和认知得到澄清。

精神分析理论的内容十分复杂，其中影响最深远、最核心的理论，早期主要是潜意识理论、梦的解析和泛性论，后期主要是人格学说和本能学说。总体来看，精神分析学派强调无意识观念、生物本能和社会需求之间的冲突以及早期家庭经历的影响，认为先天的生物本能，尤其是性冲动和攻击冲动，往往与社会需求不一致，会影响人们的思维、体验和行为方式。

知识加油站——《周公解梦》与《梦的解析》

在中国民间有一本流传很广的书籍名叫《周公解梦》，里面对七类梦境蕴含的意义进行了解释。在古人看来，梦是神的指示或魔鬼作祟，它可以预示未来。在我国的文化中，有关梦的故事更是不一而足。诸如：庄生梦蝶、黄粱一梦、梦笔生花、南柯一梦等，都是人们津津乐道的故事。即使在现代化的文明社会里，仍然有着对梦的诸多迷信。那么，《周公解梦》准不准，或者说它有没有科学根据呢？

要想回答这个问题，就要首先了解梦的来源。近现代心理学与神经科学的研究已经揭开了梦的神秘外衣。梦是一种心理现象，其生理基础是大脑产生的化学递质在不同部分传导产生的生物电刺激。精神分析学派认为，梦的内容是人潜意识中本能欲望和冲动的反映。而潜意识来源于人的生物学本能和过去经验。不同背景和经历的人由于潜意识的差异，梦到相同的内容，其含义可能是不同的。《周公解梦》成书时代的古人的生活环境、文化氛围、知识水平、经济条件、意识形态等与现代人有着天壤之别，其潜意识中的内容也一定与今人大相径庭，那么古人今人梦到同样的东西，其含义怎么可能相同呢？现代人又怎么可能去按图索骥，拿几千年前的思想诠释今天的故事呢？从这个意义上说，《周公解梦》确实不能作为当代人理解梦境的依据。

弗洛伊德对梦的解释是建立在他的“潜意识理论”基础上的。弗洛伊德用漂浮的冰山来指代意识领域的三个层次。他认为，意识（Consciousness）最外层的部分，一般指自觉的心理活动，即人对客观现实的自觉的反映，也就是有意识的反映。意识是随时可以直接被感知的心理部分，它负责调节进入意识的各种映象，压抑心理中那些先天的、动物性的本能和欲望。在冰山模型中，意识是裸露在水面以上的冰山部分，是可以见到的部分。

在水面以下不可以见到的部分是冰山的主体，它被称为潜意识（Unconsciousness）。潜意识是被压抑的欲望和本能冲动，这些冲动和欲望由于不能被风俗习惯、伦理道德、法律所容而得不到自由表现，因此被压抑或排斥到意识领域下。虽然它被深深地隐蔽、压抑下来，平时不能被人意识到，但由于它具有强烈的心理能量，仍然在潜意识中活动着以求满足，并以特殊的方式对人的行为产生影响。

在潜意识和意识之间有一部分担负着督查任务的意识结构，被称为前意识（Preconsciousness）。它是指潜意识中可以召回的、人们能够回忆起来的经验。前意识的功能就是阻拦潜意识中人不可承受的本能和欲望，使之不能随便侵入意识之中。这个“警察”平时尽忠职守，但在某些情形下，当“警察”丧失警惕时，先前被压抑的本能或欲望就会绕过前意识的看守溜进意识层面。由于潜意识深知自己的内容为社会所不容，因此在出现时，它们总要乔装打扮，以“变相”的形式出现在意识中。精神病、口误、梦等就是它们迂回渗入意识的形式，而梦就是潜意识中本能欲望在意识领域内的变相满足。

在弗洛伊德看来，所有的梦都有它的意义，而不仅仅是一种单纯的生理活动。梦所表达的意义分为“显意”和“隐意”。显意是指梦本身内容所表达的意义，而隐意是指表面内容背后做梦者真正想要表达的意思。显意是潜意识乔装打扮的结果，隐意代表的则是潜意识本身。梦的解析就是要透过显意找出隐意。

梦是潜意识中内容的体现，童年经历看似已经被遗忘，但实际依然存在于潜意识当中。当近几天的经历、情绪、感受与过去的某件事、某个人有了某种联系时，梦就会联系过去与现在，将潜意识中的愿望、冲动等以一种“改装”表现出来。这种改装需要四种作用的加盟。

第一个是凝缩作用。梦境往往是简练的、片段式的，而深藏在其中的含义却是丰富的、需要深刻解读的。心理学家只有在对做梦者的过去经历有全面了解的基础上，才能挖掘出片段梦境中的“隐意”。第二个是转移作用。有些情节在梦中占有重要的篇幅，但是在解梦时却没能得到大力解读，原因就在于一些冗长的情节可能是为了淡化或掩饰梦中真正想要表达的重要的东西。第三个是象征化。梦里的很多东西都是具有象征意义的。如皇帝和皇后通常代表做梦者的双亲；所有长的物体，如木棍、树干、高楼等代表男性的性器官；中空的物体，如箱子、炉子、橱柜代表的是女性的子宫；梦中的小动物、小虫子代表的是小孩子，如果在梦中被小虫纠缠，就象征着怀孕。第四个是润饰作用。做梦的人在陈述梦的时候，多半会有意无意地对情节进行修改，甚至添枝加叶，使故事听起来比较合理。

有这样一个案例，一位女性报告了这样一个梦境：她梦到自己站在一栋摩天大楼之下，仰头往上看，却发现大楼摇摇欲坠，瞬间坍塌，自己被压在瓦砾堆之下，呼吸不畅，动弹不得。在对该女士的童年生活进行探寻之后发现，她有个严苛的父亲，童年期的她并没能从父亲那里得到疼爱。长大成人之后，嫁给了一个酒鬼丈夫。丈夫每日酗酒之后对她轻则谩骂，重则拳脚相加。在这个女士的潜意识中，充满了对男性的恐惧与仇恨。但是在当时的社会环境下，女性极低的社会地位使这种感情被深深地压抑下来。以至于在面对询问时，她甚至不认为自己对父亲和丈夫怀有愤怒。这种潜意识的感受在梦境中得以表现。她所梦到的摩天大楼是男性性器官的象征，被压在瓦砾堆下则意味着她一直以来所受到男权的压迫。

在这个解释过程中人们不难发现，“性欲”是出现频率很高的一个词。弗洛伊德认为，人的整个心理活动都逃不开性的本能和欲望的控制，“性欲”是一切行为的幕后指挥。当然，精神分析中所谓的“性”是一个广义的概念，它指的是驱动人获得快感的所有力量，包括口欲的满足、父母子女间感情的满足，这些都被称为性满足。在这里，人的终极目标是获得快感，生殖不过是次要目的。

精神分析学派对于梦的解释主要体现在《梦的解析》一书中。它曾被翻译成几十种文字为人们所共知。它与达尔文的《物种起源》、哥白尼的《天体运行论》并称为导致人类思想革命的三大经典之作。

弗洛伊德的精神分析理论饱受争议。他开创了心理治疗的全新途径，开拓了心理学的研究领域，让人们对自身的关注从意识、行为等外在可观测的内容，下沉到了无意识领域。但是，对它的批评之声也不绝于耳。有观点认为，精神分析主要适用于精神病人，弗洛伊德将特殊的变态心理与一般的常态心理等同，把变态心理普遍化，是用特殊代替一般，逻辑上存在问题；整个学说过分强调人的生物学本能，把脱离社会的动物原始本能看作决定人精神生活和实践活动的巨大内驱力，极端夸大人的动物性，贬低人的社会性；整个理论主观色彩浓厚，许多理论都是主观臆想和纯粹的逻辑演绎，无从加以客观验证，不具有科学的基本特征。

行为主义学派

精神分析产生于德国，主要对欧洲心理学产生影响。而在美洲大陆，行为主义是美国现代心理学的主要流派之一，由华生（John B. Watson）在1913年创立。行为主义认为，心理学不应该研究无法触及的意识，而应该将可观察的行为作为研究对象。华生认为，人类的所有心理体验，包括思维、感觉、自我意识等，都是条件反射的多次积累而形成的生理变化。行为就是通过条件反射建立新的刺激和反应之间联结的过程（S－R模型），环境在其中发挥决定因素。只要查明了环境刺激与行为反应之间的规律性关系，就能根据刺激预知反应，或根据反应推断刺激，达到预测并控制动物和人的行为的目的。从这一观点出发，华生有一段名言："请给我十几个强健而没有缺陷的婴儿，让我放在我自己的特殊世界中教养，那么，我可以担保，在这十几个婴儿中，我随便拿一个来，都可以训练其成为任何专家——无论他的能力、嗜好、趋向、才能、职业及种族是怎样，我都能够任意训练他成为一个医生，或一个律师，或一个艺术家，或一个商界首领。"

华生强调，每个人的行为都完全由自己所处的环境来操纵，人们可以通过像巴普洛夫训练小狗那样，靠建立条件反射来塑造人类的任何一种行为。为了验证他的观点，1914 年，华生做了一个著名的实验，被称为“可怜的小艾尔伯特”实验，也叫儿童惧怕实验。在实验之前，华生找到了一个 9 个月大的婴儿小艾尔伯特，拿给他白鼠、白兔、猴子、狗、毛绒玩具等，小艾尔伯特很喜欢这些毛茸茸的小东西，不时地去触摸它们。之后，华生给小艾尔伯特一只白鼠。他像往常一样很喜欢，正准备去触摸时，华生躲在小艾尔伯特的身后，用一根铁棒突然发出一声巨响。小艾尔伯特吓哭了。这样的情况连续出现了十多次，每次小艾尔伯特尝试去接触白鼠，都会被一声巨响吓得大哭。之后，小艾尔伯特再也不敢靠近白鼠了。每当他看见白鼠，他都露出了恐惧的情绪，甚至在看到圣诞老人、白色毛皮大衣等白色毛茸茸的东西的时候，都产生了恐惧反应。华生认为，通过改变环境，他使小艾尔伯特原有的刺激—反应——“毛绒物品—喜欢、靠近”变成了“毛绒物品—讨厌、回避”，以此验证了他的观点（见图 1. 7）。

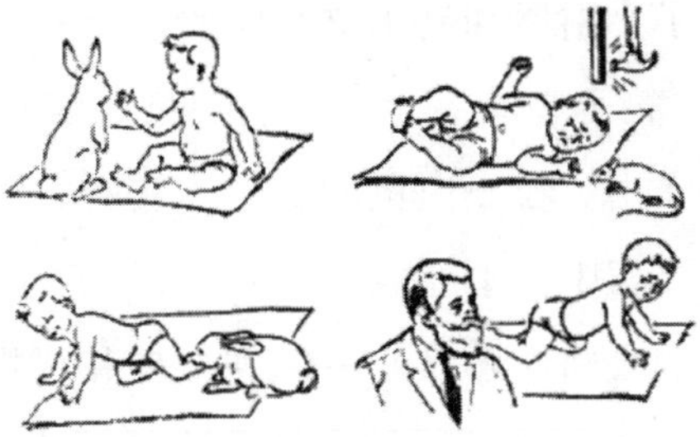

图 1. 7　华生的惧怕实验

如果用现代人的眼光来看，华生的实验难免会让人质疑其伦理性。因此，后来有人四处寻找当年这个 9 个月大的婴儿，人们想知道惧怕实验是否对小艾尔伯特日后的生活和行为产生影响。但遗憾的是，据说这个孩子在 5 岁时已经因病去世了。华生的惧怕实验说明了人类行为的可控制性，有力地推动了心理学的发展，但必须承认的是，由于当时心理学发展阶段的局限性，伦理原则还没有被充分重视，但是，当代的心理学研究一定要注意保护被试的利益，不能使其因为参与实验而受到伤害。

师说心语——鹦鹉的择偶奇遇、鹦鹉是如何学会开盒技能的

动物在择偶的时候，会因为对方“高富帅”或者“矮穷矬”的特点而心有所向吗？有心理学家做了一个实验，通过控制雄鹦鹉“多金”“有才”“帅气”等特点，考察鹦鹉姑娘的择偶偏好。在这里，你除了可以看到有趣的实验设计之外，还可以感受到从行为主义理论出发，如何对鹦鹉的行为予以控制和影响。请看视频“鹦鹉的择偶奇遇”和“鹦鹉是如何学会开盒技能的”。

斯金纳（Burrhus Frederic Skinner）作为新行为主义的先驱，继承了华生的观点，并进行了修改和补充。斯金纳提出了“操作性条件反射”的概念，他认为，巴甫洛夫所做实验的条件反射是由条件刺激引起反应的过程，写成公式是 S－R，而操作性条件反射是首先进行某种操作反应，然后得到强化，强化反过来又加强了这种行为，写成公式为 R－S－R。

斯金纳先后使用了小白鼠和鸽子进行实验。首先，将一只健康的小白鼠放进“斯金纳箱”。箱子中有一个杠杆，只要轻轻按压一下，与之连接的食丸输出设备就会送出一粒小白鼠的美食。实验之初，小白鼠在箱子里只是胡乱跑动，这一过程中会不经意地碰到杠杆，这时它意外地获得了一粒食丸。当然，这时的小白鼠还没有意识到杠杆和食物的关系，所以，它依旧漫无目的地跑动。一段时间后，小白鼠又在不经意间碰到了杠杆，于是又得到了一个食物。经过一段时间后，实验人员发现小白鼠压杠杆的次数在增加，而在实验的最后，小白鼠只要感到饥饿，就会主动通过压杠杆来获取食物，它们学会了用压杠杆获取食物的方法。在这里，食丸是对小白鼠“压杠杆”的正强化物，食丸刺激小白鼠按压杠杆的过程即“强化”过程。

知识加油站——斯金纳的小白鼠实验

如何才能让孩子从小就喜欢读书，热爱学习呢？美国行为主义心理学

家斯金纳曾做过一个实验。斯金纳在一个箱子里放进一只小白鼠，小白鼠没有经过任何训练，箱子里也没有多余的设施，只有一根杠杆。杠杆与一个箱外的传动设备相连，只要小白鼠按压杠杆，就会有一团食物掉进箱子下方的盘中，小白鼠就能吃到食物。经过一段时间之后，小白鼠居然学会了主动按压杠杆觅食。对此，斯金纳解释说，对于小白鼠而言，主动按压杠杆是实验者期望看到的反应，食物是一种强化刺激，食物每次都在小白鼠按压杠杆之后发生，这是对小白鼠反应的“报酬”。强化刺激使反应得到加强。学习的本质就是反应的改变，而强化刺激的正确使用可以使这种反应的改变更加迅速，更加牢固。那么，回到开篇的那个问题，如何使小孩子喜欢读书，热爱学习呢？

不妨介绍一个小经验，这个事情要从孩子学龄前不识字的时候做起。把孩子喜欢得到的零花钱、卡通画、游乐场门票、巧克力等散放在书房的各个角落里，最好能夹在书本中间。让孩子自己到书房去找。这样做的目的不是让他看书，而是让他每每打开书的时候，都会有一种喜悦、惊喜等正面的情绪，让他在“开卷”与“开心”之间建立起连接。时间久了，尤其在他长大之后，每次看到书都有一种莫名的愉悦感，自然就爱看书、爱学习了。这种训练愈早愈好，上小学之后孩子接触的书本越来越多，感受也越来越复杂，这样的训练就不一定有效果了。当然，利用这个规律，还可以训练小孩爱劳动，培养老公爱做家务，规范企业员工的行为。例如，在幼儿学着打扫卫生的过程中，即便弄脏了衣服，弄坏了家中的摆设，家长也应该以表扬鼓励为主，再辅以传授技巧，以确保他打扫卫生的行为得到积极强化。切不可因为他没有做好而严加呵斥。同样道理，对于不爱做家务的男人而言，妻子的赞美和崇拜的眼神一定是他干家务时的动力源泉。当然，强化一定要及时快速，也就是在对方做出希望行为之后立即出现，如果间隔时间过久，“秋后算账”的意义就大大降低了。

斯金纳提出，如果一个操作发生后，接着给予一个积极的强化刺激，那么该操作再次发生的概率就大大增强，这是一个正强化的过程；如果一个操作发生后，接着一个消极的强化刺激被撤销，那么该操作再次发生的概率也会大大增强，这就是负强化的过程；如果一个操作发生后，接着给予一个消极的强化刺激，那么，很快这种操作就消失了，这被称为正惩罚；如果一个操作发生后，接着撤销一个积极的强化刺激，那么，很快这种操作也会消失，这被称为负惩罚（见图 1.8）。

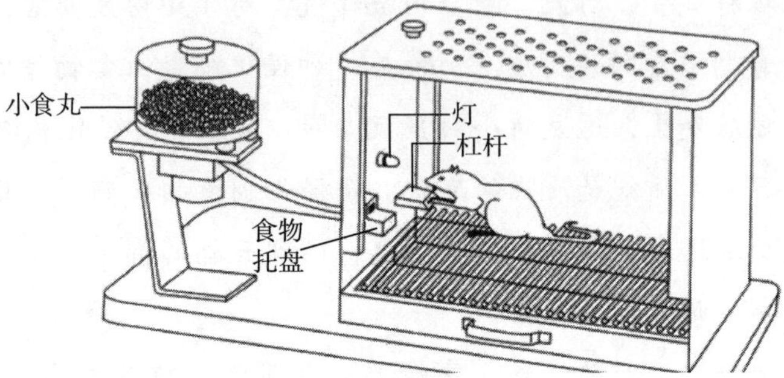

图 1.8　斯金纳箱里的小白鼠

停下来，考一考

请分辨以下几种情况，分别属于怎样的强化或惩罚过程。

1. 妈妈说，小明如果能够在两小时之内完成作业，那么今晚他就不用给全家人洗碗了。

2. 妈妈说，小明如果今晚做作业时磨磨蹭蹭，那明天就不能吃冰激凌。

3. 妈妈说，小明如果今晚做作业时磨磨蹭蹭，晚上全家人的碗都由他来洗。

4. 妈妈说，小明如果能够在两小时之内完成作业，下午就带他去游乐园。

答案：1. 负强化；2. 负惩罚；3. 正惩罚；4. 正强化。

在小白鼠之后，斯金纳还对鸽子进行了实验。斯金纳选取了 8 只鸽子，连续几天对这些鸽子喂少于其正常进食量的食物，以便在测试时让它们处于饥饿状态。测试过程中，斯金纳在箱子内部安装一个食物分发器，每 15

秒就有食物从分发器里自动落下。也就是说，不管鸽子在做什么，每 15 秒就会得到一份食物奖励。一段时间后，奇妙的事情发生了——8 只鸽子中的 6 只产生了非常明显的反应：一只反复将头抬起、一只开始在箱子里逆时针转圈、一只开始频繁将头撞向箱子的某一角落、一只展开双翅翼仿佛在跳舞……得到这一结果后，斯金纳开始了进一步的论证过程，他将食物投放的时间由原来的 15 秒延长至 1 分钟，结果发现，此时鸽子们更卖力地重复原有的表现。实验的最后，为了消除鸽子们的行为，斯金纳停止了食物的投放。但鸽子们将固有的行为重复了一万多次后，反应才完全消失。

鸽子为什么会有这样的反应？通过录像分析，这是因为在最初食物出现的时候，饥饿的鸽子正在到处乱窜寻找吃的。突然，食物出现了，而此时此刻鸽子所做的某个动作就成了食物的“预言”！在之后验证的过程中，每隔 15 秒就会出现“食从天降”的情况，这也让鸽子们坚定了自己的判断，并很快建立起了条件反射——做这个动作就能有食物！这个联结是如此牢固，以至于鸽子在之后食物日渐稀缺的情况下，依然坚定不移地重复这样的行为。对此，斯金纳是这样解释的：“这一实验可以说证明了一种迷信。鸽子以为自己的行为与食物之间是有某些因果关系，实际上这种联系并不存在，这些都是它们的美好臆想。”其实，人类又何尝不是如此呢？本命年穿红袜，腰间系红绳；踩到井盖后赶紧让周围的人打自己三下，打掉霉头；不在屋子里打伞，因为会长不高……即使从理性上也明白这样的行为与所谓的“幸运”“霉头”毫无关联，但依然愿意遵守代代相传的“行为准则”。

斯金纳还大力在各个领域推广他的操作性条件反射理论。在企业管理领域，他提出要建立严格的奖惩制度，让工人在该做的行为和奖励之间建立连接，在不该做的行为与惩罚之间建立连接，以此来规范工人行为。在教育领域，斯金纳提出了一种新型的教育模式，并研制设计出了一种教学机器，学生可以跟随机器进行程序化教学，机器会随时对学生的学习情况进行检测，以此来决定应该开始新的内容，还是回到上一级菜单重新学习。在心理治疗领域，从该理论出发提出的行为矫正技术，通过不断的奖惩来促使人们改变病态行为，塑造新的行为习惯，至今仍在心理治疗当中广泛应用。

行为主义坚持以客观实验的方法来研究人和动物的行为，使心理学获得了与其他自然科学一样的客观性，从而巩固了心理学的科学地位；导致了心理学规律和原理原则的公式化、方程化、程序化和图示化，这又为心理学进一步科学化、计算机化，特别是为计算机模拟心理规律作思想上和技术上的准备。但是，行为主义也存在问题，它完全忽略了人类遗传、个体差异、群体交互的影响，机械还原论、环境决定论倾向严重；将人类行为的每一方面都归因于学习和经验，甚至试图建立一种超越物种、文化、性别和年龄的普遍的学习法则，实际上窄化了心理学的研究范围。

人本主义学派

如果说20世纪上半叶是精神分析和行为主义的天下，那么从20世纪50年代开始，人本主义开始登上舞台。第二次世界大战后，美国经济繁荣，人们的基本生活需要大体得到了满足，于是人们进一步产生了更高级的精神追求。人本主义因此在美国应运而生。人本主义认为，人既不是像小白鼠一样的低级动物，也不是由潜意识控制的患者，而是要求自我实现的健康人。所以，正常人、健康人应该是心理学主流的研究对象。

人本主义认为，个体是能够独立自主控制自己生活的，他们既不会受到无意识驱动力的影响，也不会受到外在奖励的控制，而是以追求自我实现和健康人格为根本动机。个体拥有更高级的价值观，如利他主义，人们通过热情、慈善和支持帮助他人达到自我理解。心理学应该帮助人们挖掘蕴藏在人性中的无限潜力，通过改善环境和创设条件来使人的潜能充分发挥。受到这种思潮的影响，2000年，心理学家又进一步提出了“积极心理学”（Positive Psychology）的概念，强调心理学应该对于个体积极的主观体验，如希望、幸福、乐观，积极的特质，如爱的能力、创造性，积极的价值观，如责任感、宽容进行研究。人本主义，及其“以人为本”的理念至今都发挥着深远的影响。

师说心语——谷歌的死亡福利

谷歌给予员工的高福利待遇在业内已经不是一件新鲜事。不过，谷歌新近推出的一项福利让人们“大跌眼镜”，那就是员工死亡福利。谷歌人事主管表示：“我们已经推出了一项谷歌员工死亡福利，这听起来不可思议，但的确是真的。”到底什么是“死亡福利”，它的推出对谷歌可能产生怎样的影响，这种福利措施的出发点又是什么呢？请看视频“谷歌的死亡福利”。

人本主义心理学思潮发展的主要代表人物有马斯洛（Abraham H. Maslow）和罗杰斯（Carl Ransom Rogers）。马斯洛提出了“需要层次”学说。他将人类的需要划分为五个层次，由低到高，第一个是生理需要，包括对食物、睡眠、性的需要等；第二个层次是安全需要，是指人们希望得到保护，拥有安全感；第三个层次是社交需要，是指人们总是希望自己能够被理解、接纳、爱护、鼓励和支持等；第四个层次是尊重需要，是指人们希望受到别人的尊重与重视；第五个层次是自我实现的需要。具体划分见图 1. 9。马斯洛认为，自我实现是人们行为的最根本动力，是人们奋斗的目标。只有在低级需要全部或部分得到满足后，才会出现高一级的需要；只有所有需要相继满足后才会出现自我实现的需要。但是，并非所有的人最终都能达到自我实现，只有少数人通过不懈努力才能最终达到自我实现的境界。

何为自我实现呢？马斯洛找到了爱因斯坦、林肯、罗斯福、贝多芬、富兰克林等 38 位历史上的名人，认为他们的行为符合自我实现的要求，并总结出了 16 条达到自我实现的人所应该具有的特点：

1. 了解并认识现实，持有较为实际的人生观；
2. 接纳自己、别人以及周围的世界；
3. 能够较为自然地表达自己的情绪和思想；
4. 有较广的视野，就事论事，较少考虑个人的利害关系；
5. 能享受自己的私人生活；

6. 有独立自主的人格；
7. 对平凡的事物不觉得厌烦，对日常生活永远感到新鲜；
8. 生命中曾经有过引起心灵震动的高峰体验，也就是一种超越了时空和自我的心灵满足感和完美感；
9. 热爱人类，并且承认自己是其中的一员；
10. 有交情很深的朋友和亲密的家人；
11. 具有民主的风范，尊重别人的意见；
12. 有伦理观念，绝不会为了达到目的而不择手段；
13. 带有哲学气质，有幽默感；
14. 有创见，不墨守成规；
15. 不和世俗抵触，但又不是完全的服从；
16. 对生活环境有改进的意愿和能力。

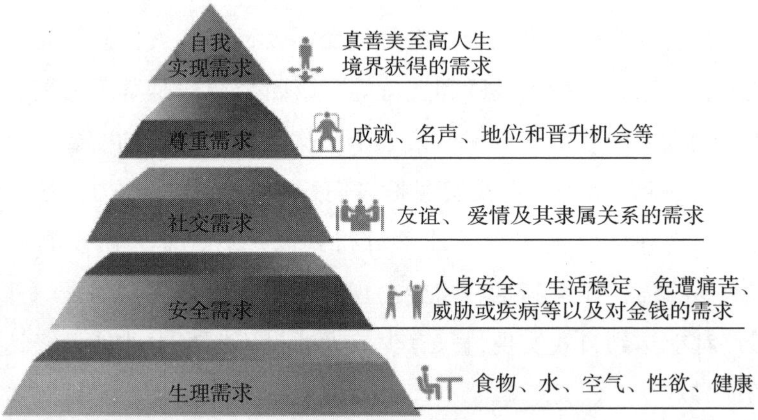

图 1.9　马斯洛需要层次理论

人本主义的观点不仅影响了心理学，还对企业管理、公共管理、公共服务等方面产生影响，诞生了人本管理的思想。所谓人本管理就是“以人为中心”的管理，它是基于科学的人性观基础之上的、把人视为企业的根本的一种管理理念和管理实践。它认为，管理不是把人当机器，更不是当工具，而是要理解人、关心人、尊重人、爱护人、成就人，激发员工强烈的归属感、认同感和爱企如家的主人翁精神，使员工焕发出巨大的劳动热情、强烈的事业心和使命感。一些企业尝试的情感管理、文化管理、参与式管理、自我管理等，都可以被视为人本管理理念在实践中的应用。

本节思考题

1. 精神分析学派是一个备受推崇同时也饱受诟病的学派，试分析精神分析学派相关理论的优势和不足。

2. 你认为一些企业推行的“狼性文化”和人本管理思想相矛盾吗？为什么？

实践项目

中国网球运动员李娜在网球领域的优秀成绩有目共睹，而她的“暴脾气”和成绩一样家喻户晓。请收集资料，分别从本节的三种流派，分析李娜个性、意志品质形成的影响因素。

精神分析：李娜的童年是怎样的？她脾气火爆、情绪不稳，这与她的童年经验有何关联？

行为主义：她的成长环境是怎样的？哪些环境因素造就了她最终的成功？

人本主义：李娜的巨大潜能是如何被发掘出来的？她的意志力是如何形成的？

阅读文献

第二篇

我这样感受世界

第一节　万物如何动我心——感觉

课前思考

如果有一个机会，要求你一天24小时，除了吃饭、上厕所，其余时间都躺在床上。什么都不用做就能获得不菲的报酬，你是否觉得这是个千载难逢的好机会呢？

1954年，Bexton、Heron、Scott三位心理学家在加拿大的一所大学的实验室里进行了著名的“感觉剥夺实验”。被试是自愿报名的大学生，每天的报酬是20美元（当时大学生打工一般每小时可以挣50美分）。所有的大学生每天要做的事是24小时尽可能长时间地躺在有光的小屋的床上，有专人供应饮食，可以上厕所，但是躺在床上的时候需要戴上一些特殊的装置：如半透明的塑料眼罩，可以透进散射光，但没有图形视觉；纸板做的套袖和棉手套，戴上后触觉就少了很多；头枕在用U形泡沫橡胶做的枕头上，同时用空气调节器的单调嗡嗡声限制他们的听觉。

实验前，大多数被试认为自己能利用这个机会好好睡一觉，或者考虑论文、课程计划。但后来他们报告说，对任何事情都不能进行清晰的思考，哪怕是在很短的时间内，他们也不能集中注意力，思维活动似乎是“跳来跳去”的。

糟糕的是，七天之后，当实验停止后，这种影响仍在持续。参加过实验的大学生在解决一些复杂问题，如创造测验、单词联想测验时，成绩明显下降——感觉剥夺影响了复杂的思维过程或认识过程。

此外实验还发现一个意想不到的结果。参加实验的大学生中，有50%报告有幻觉，其中大多数是视幻觉，也有部分听幻觉或触幻觉。有人看到光的闪烁，有人听到狗的狂吠声、警钟声、打字声、警笛声、滴水声等，还有人感到冰冷的钢块压在前额和面颊，甚至感到有人从身体下面把床垫抽走。看来，看似普普通通的感觉，在维持人的身心健康方面居然有如此重要的作用。那么，感觉是如何产生的，为什么它会对人的心理产生如此重要的影响呢？请带着这些问题开始今天的学习。

感觉的基本概念

当你结束了一天的工作回到家里，刚一进门就闻到一股扑鼻的饭菜香，你定睛一看，桌上摆着几盘热腾腾的饭菜——红黄相间的番茄炒蛋，绿油油的蒜蓉青菜，白嫩嫩的清蒸鱼，配上晶莹剔透的大米饭，顿时你口中生津，抓起筷子狼吞虎咽起来，熟悉而又美妙的味道在口中蔓延。

停下来，考一考

生活中，“感觉”这个词经常被人们挂在嘴上。但从心理学角度来看，人们虽然使用了相同的词汇，但表达的却不是相同的心理过程。请判断下面几句话中，所用的“感觉”实际表达的是哪种心理过程。

1. 我感觉今天有点冷，得多加件衣服。

2. 看到你给我的分手信，我感觉天都塌下来了。

3. 这几块石头单看不觉得特殊，拼在一起我感觉活脱脱就是只猴子嘛！

4. 我感觉这个人品性不错，值得交往。

答案：1. 感觉；2. 情绪；3. 知觉；4. 思维

人们每天每时每刻都在接受着外界传来的信号，而感觉就是外界信号进入体内的入口。感觉是人脑对当前直接作用于感觉器官的客观事物的个别属性的反映。人们通过眼、耳、鼻、口、舌、身（皮肤）等感觉器官看到颜色和形状，听到声音，闻到气味，尝到味道，以及触摸到物体的质地，进而产生了视觉、听觉、嗅觉、味觉、触觉等。这是人类感知世界的第一道关口，有了它，人类更高级的心理活动，如思维、语言、记忆等才得以实现，才可以认识外部事物的不同属性；这也是人类保持心理健康的重要条件，通过外界刺激，人才能感受到自身身体的存在和变化。

师说心语——如果没有感觉，人类将会怎样？

如果我告诉你，“在这个世界上并不存在所谓的红色，红色只是存在于你头脑当中”，你是否会认为这是一个唯心主义者的呓语？红色的花、红色的墙、小姑娘红彤彤的连衣裙，这都是真真切切的存在。“眼见为实”怎么会仅存于头脑当中呢？其实，人类大脑这个世界上最精密的仪器只能识别一种信号，就是脑电信号。而外界物理能量只有转换成脑电信号，才可以被感知。色觉究其根本是不同波长的光波在通过感觉器官的转化后，在大脑皮层感觉中枢产生的激活反应。所以，人们才会说，红色存在于头脑当中。请观看视频“如果没有感觉，人类将会怎样”。

感觉产生的过程

感受器是如何帮助人类获得感觉呢？感受器在外界的客观刺激下会产生兴奋，同时，感受器会将获得的外界信号进行转化，变成大脑唯一可以识别的信号——神经冲动，通过传入神经传导到大脑皮层相应的感觉神经中枢，这时就产生了感觉。例如，光波产生的刺激被视网膜接收，产生兴奋后通过视神经传入大脑皮层的视觉中枢，由此产生视觉；声波产生刺激被内耳中的耳蜗接收，通过听神经传入大脑皮层的听觉中枢，由此产生了听觉。可见，感觉的产生有赖于刺激—感受器—神经通路—大脑皮层感觉中枢四个环节的接力。任何一个环节出了问题，都有可能影响到感觉的产生。以视觉为例，视觉的产生过程如图 2.1 所示。

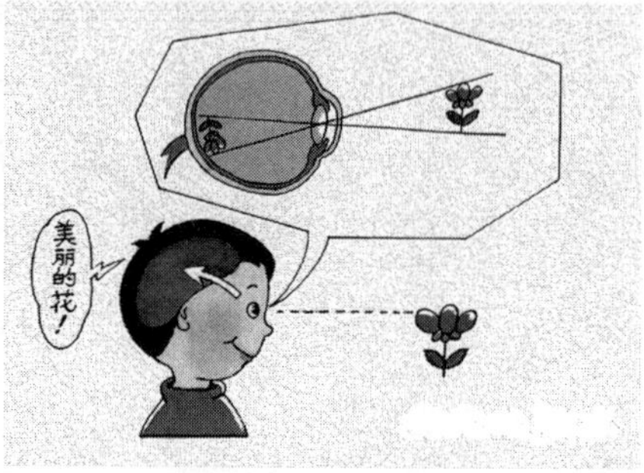

图 2.1　视觉的产生过程

根据信号来源的不同，感觉可以分为外部感觉和内部感觉两大类，外部感觉包括视觉、听觉、味觉、嗅觉和触觉等，其中，视觉和听觉最为重要，人们日常生活中大部分信息都是通过视觉和听觉获取的。外部感觉的感觉器官位于身体的表面，或接近身体的表面，这样就可以保证随时感受到来自外界的各种刺激。

内部感觉反映的是有机体本身各部分运动或内部器官发生的变化。内部感觉包括机体觉、平衡觉、运动觉三种。机体觉反映有机体内部器官的活动状态，由于内感受器的神经末梢比较稀疏，一般强度的刺激信号在从内感受器到达大脑的过程中常被外感受器的信号所掩盖，因而引不起机体觉。只有在强烈的或经常不断的刺激作用下，机体觉才较鲜明。可单独划分出来的机体觉有饥、渴、气闷、恶心、窒息、牵拉、便意、胀和痛等。

平衡觉是指身体运动速率和方向的感觉，由人体位置根据重力方向所发生的变化刺激前庭器官而产生。前庭器官位于人的内耳，与小脑密切关联。前庭器官与内脏器官也密切联系，当前庭器官受到强烈刺激时，会产生恶心、呕吐等症状，如晕车、晕船等。

知识加油站——人为什么会晕车？

晕车、晕船、晕飞机，这种普遍的生活体验有个学名，叫晕动症。人为什么会患晕动症？我们又该如何应对它呢？

晕动症与人的视觉感受、前庭系统感受以及本体感受器的不协调有关。人在乘坐行进的交通工具时，要想判断自己的运动状态往往要依靠眼睛和耳朵的配合。眼睛判断运动与否的标准是“遇动则动，遇静则静”，看到什么样的景物信息就判定什么样的运动状态。耳朵的评判标准更复杂。人体的内耳中有前庭末梢感受器，它是一个内部饱含流体、可以感知位置的“坐标系”。人体的任何一个微小动作都会引起该“坐标系”内的流体位置发生改变。前庭系统会将该变化信号传送至大脑，从而判定人体所处的运动状态。人在坐车的时候，眼睛看到窗外之物在快速变化，因此判断身体在运动，而耳朵则认为身体处于静止。这样两种判断就发生了冲突，这种冲突让大脑无法保持连贯的平衡感，就会让人头晕、恶心，甚至呕吐。

那为什么有的人坐车会晕车，而开车却不晕车呢？这两种状态下，眼耳判断不是一样的吗？麻省理工学院的学者查尔斯·欧曼于1990年提出了一种新的假说来阐释晕动症的原因。他认为眼睛和内耳与大脑的期望之间的冲突才是晕动症的根源：人体运动时，大脑会从预期的神经活动模式中减去实际的感觉输入，剩下的就是“感觉运动冲突信号”。通常这个剩余值很小，也就是说大脑的预期和实际的感觉基本一致，但特殊情况下，这个剩余值就会变大。当驾驶员开车时，大脑预期的就是运动，而他的实际感受也是如此，二者基本一致，所以不会晕车。而乘客坐车时，大脑预期与车子的实际运动状态不同，因此“感觉运动冲突信号”变大，从而更容易被晕动症困扰。

晕动症有治疗的方法吗？2018年，法国汽车制造商雪铁龙推出了一款防晕车眼镜架。眼镜架上有四个环，环内部蓝色液体的水平面随着汽车的行驶会发生变化。眼镜在视野正面及侧面创造了一条人造水平线，从而使视线和内耳重新同步，达到防晕效果。国内现有的防晕车装置主要有防晕后视镜、防晕座椅等。防晕座椅装置借鉴半主动悬架和直升机倾斜盘的原理，能够根据车辆行驶的具体情况主动抵消振动，产生相应的倾角，以保持体感平衡、减弱运动刺激。靠背和靠枕部分的结构和材料也能起到减振和固定的效果。同时，可配合虚拟现实头戴式显示设备，使内耳前庭感受器与视觉接收的信息一致，达到体感、视觉协同平衡的效果。

运动觉反映的是身体各部分的位置、运动及肌肉紧张程度，它常常和其他感觉联合起来组成复合感觉。运动觉的检查是由检查者轻捏被检查者的手指或足趾两侧，上下移动5°左右，让病人说出肢体被动运动的方向（向上或向下）。正常人能够准确说出运动的方向，如果不能，则说明被检查者的运动觉出现障碍。

那么，人类的感觉是与生俱来的吗？研究证明，人在胎儿时期就有感觉。在多种感觉中，胎儿的皮肤感觉发育最早，在妊娠49天左右时，胎儿就能对触觉刺激做出反应。胎儿的听觉形成大约是在胎龄30周时，这时的胎儿能够听到来自母体外的声音，主要证据是音乐能引起胎儿心率加快，这也是为何可以用音乐的方式对胎儿进行胎教。胎儿4个月时形成味觉。有研究者发现，在孕妇的羊水中注入糖精，胎儿吸入羊水的频率会比平时的频率高出一倍，但如果在羊水中注入一种味道不好的油，胎儿会立即停止吸入羊水，并在腹中乱动。

在各种感觉中，胎儿的视觉形成的时间最晚，在7个月左右时才开始对光线有微弱的反应，到9个月时这种反应才会比较明显，这时如果对母亲的腹部照射强光，胎儿会闭上眼睛，或者将脸转过去。而目前由于研究手段的限制，还不能确定嗅觉的形成时间，但我们可以断定的是，嗅觉也是在胎儿期就具备的感觉之一，因为婴儿在出生时就有对气味的感觉能力，即使是在睡梦中，刚出生的婴儿也会对奶水的气味做出吮吸反应。

感觉现象

生活中的心理学——鼻子失灵了

喜欢香水的朋友可能都有这样的经历。当你到商店的香水专柜选购香水时，热情的服务员总会拿出许多不同品牌或系列的香水喷在试香纸上，让你嗅。可是很多朋友在嗅了没几下之后，就已经被熏得晕头转向、不辨东西了。这时有经验的服务员会拿出一盒咖啡豆，让消费者“清清鼻”。果然，嗅了一会儿咖啡豆后，鼻子就会恢复知觉了。

如果确定香水味道很好闻之后，很多人会抑制不住热情将它买回家，并且忍不住每天都要喷几下。对于他们而言，沉浸在香氛中的感觉好极了！可是周围的人却遭了殃。凡是所到之处，到处都是这种香水味。一段时间之后，周围的人终于忍不住发飙了。但是这往往让他很愕然：“什么？满屋子都是我的香水味？我怎么闻不到?”这到底是怎么回事，难道香水会让人的鼻子失灵吗？其实，所谓的“鼻子失灵”并不是鼻子出现了什么器质性的病变，而是发生了感觉适应现象。

感觉适应是指当刺激持续作用于感觉器官时，人对刺激的感觉能力会发生一些变化。感觉适应既可以提高人的感受性，也可以降低人的感受性。

视觉适应是感觉适应中最为明显的一种现象。视觉有明适应和暗适应两种。当人长时间在暗处而突然进入明亮处时，最初感到一片耀眼的光亮，不能看清物体，只有稍待片刻才能恢复视觉，这称为明适应。明适应大约在 1 分钟内就可以完成。驾照考试中要求驾驶车辆驶出隧道时保持与前车的安全距离并减速驶出，就是由于要给驾驶员留下明适应的时间，防止从黑暗的隧道驶出骤然受到外部光亮的刺激看不清路面情况而发生交通事故。暗适应是指当人长时间在明亮环境中突然进入暗处时，最初看不见任何东西，经过一定时间后，视觉敏感度才逐渐增高，能逐渐看见在暗处的物体。暗适应所需的时间较长。平时我们晚上睡觉前关灯，在灯熄灭的短时间内会感觉眼前一片漆黑，如果睁着眼睛在黑暗中适应一会儿，就会渐渐地可以看出周围事物的轮廓。影响明适应和暗适应的因素有很多，比如前后光照对比强度越大，适应的时间也越长；人体缺少维生素 A 会导致夜视力不佳，即“夜盲症”，从而在暗适应中存在困难；视觉适应也受年龄因素影响，研究表明，人在 30 岁以后视觉适应能力会有所下降。

生活当中的明适应和暗适应并没有带给人们太多的影响，但在军事上，人类看似短暂的视觉适应时间可能会严重影响作战。战场上的军人、战斗机飞行员需要在不同的光亮环境中进行战斗，如果突然从光亮环境进入黑暗环境，或者从黑暗环境进入光亮环境，战斗人员却什么也看不到，什么也做不了，那么有可能贻误战机，严重的可能还会丧命。因此，科学家发明了军事护目镜，保证战斗人员的视觉适应时间最短。

知识加油站——军用护目镜的前世今生

第一次世界大战期间，交战双方的炮火十分猛烈。美军新兵罗宾逊在入伍前是一个天不怕地不怕而且特别喜欢潮范儿的社会小青年。这一天，罗宾逊就要上战场了，这可是第一次执行任务，十分兴奋。作为侦察兵的他为了耍酷，特意戴了一副墨镜。排长不让他戴，说镜片被炸碎了就会伤到眼睛影响战斗。可是，罗宾逊却顶撞道：“飞行员都戴，我凭什么不能戴！”他还是自作主张戴上了。

没想到，正是戴的这副墨镜让他成为战场上的功臣。原来，到达任务地域后，他们与敌人遭遇，敌人向他们投放了闪光弹。瞬间，所有人什么都看不见了，只有罗宾逊因为戴着墨镜没受到影响。他成功地向天空打了一发信号弹，全军发起进攻，立了大功。正是因为这次任务，再加上闪光弹的出现，美军各个部队都开始装备护目镜。后来，各国部队都开始重视这个问题。保护眼睛的眼镜，也就是军用护目镜诞生了。

后来，军事工业部门考虑到风沙等自然环境，以及炮火弹药等战场条件的影响，加大了对护目镜的研制力度和投入，军用护目镜防护功能越来越强大，并开始正式装备部队。

首先是镜片材料的改良。一开始的护目镜，其实就是高级墨镜，用的是玻璃材料，极易被打碎。因此，镜片慢慢演变为高级树脂材料。这种材料硬度极佳，而且耐磨不易碎，抗冲击强度更高，透光性也强于玻璃。其次是工艺改良，更强化了佩戴后的舒适度，最大限度克服了雨雪天产生雾气影响视线的问题。再次，更加突出它的方便实用。新一代护目镜能够快速感光变色，不需要再频繁地根据环境更换镜片，而且具备护目镜片的一切功能——在明亮的阳光下变暗，在昏暗的环境下又可以变得透光，而整个过程只用几秒钟。这样，战斗人员的眼睛感受到的几乎是同样的光亮环境，视觉适应时间大大缩短，给作战带来极大便利。

触觉的适应也比较明显，冬泳爱好者进入水中的最初几分钟最考验毅力，会感到非常冷而难以适应，而一旦下水游一段时间后就会渐渐不觉得太冷了。同样道理，用香水的人由于自己发生了嗅觉适应，因此闻不到满屋子的香水味，所谓“入芝兰之室久而不闻其香，入鲍鱼之肆久而不闻其臭”就是这个道理。味觉也有适应，四川人能吃辣，一方面是由于蜀中炎热潮湿，需要用辣祛湿排汗，另一方面则是由于他们长期食用辣椒，味觉产生了适应性。当然，各种感觉中，痛觉的适应性很难发生，正因为如此，痛觉才是机体的警报系统。

与感觉适应相对的是感觉对比。感觉对比是指当同一感觉器官受到不同的刺激时，其感觉会发生变化。感觉对比包括同时对比和继时对比。同时对比是指几个刺激物同时作用于同一感受器时产生的对比现象。

继时对比则是指几个刺激物先后作用于一个感觉器所产生的对比现象。在选购香水时，销售员用咖啡豆帮消费者“清鼻”，就是利用了嗅觉的继时对比。如喝过苦的东西，再喝白开水都会觉得有些许甜味，而吃甜食以后再吃草莓，会觉得草莓不甜，甚至有些酸。

除了感觉适应和感觉对比，还有一种有趣的感觉现象叫感觉后像。感觉后像是指对感觉器官的刺激停止以后，人们对刺激的感觉并没有立即停止，而是继续维持一段很短的时间。当断续刺激达到一定频率时，感觉后像可以使我们对断续出现的刺激产生连续的感觉。动画片正是运用了感觉后像的原理。原本一张张独立静态的图画，按照一定频率快速放映。当人们对第一张图片的感觉后像还没有完全消失时，第二张图片就出现了。这就使得第一张图片与第二张图片上的内容连续在了一起，一张张图片进行下去，人们就看到了动态的影像画面。

感受性与阈限

生活中的心理学——品酒师的舌头

葡萄酒广告中经常会有头发卷曲、眼神深邃的外国品酒大师举起高脚杯，细细品味杯中红酒的画面，葡萄酒得到品酒师的认可是品质高超的象征。品酒师在大众心中是一个很轻松的职业。喝几口酒，点评几句就能得到高额回报，而且能在工作时间品尝到不同风味的酒，实在是难得的美差。实际上，品酒师是一个非常辛苦的职业，不仅要经过严格的训练，即便成名之后，每年也要品尝3000 多种新酒，脑子里储存了10000 种以上的味道，某种滋味第二次出现的时候，他们都要与记忆库中的信息一一匹配。品酒也是非常考验品酒师意志力的一项工作，品酒师为了保护敏感的味蕾，日常饮食向来以清淡为主，而且品酒师很少把酒喝下去，而是在嘴里品出感觉后就把酒吐掉，好的品酒师几乎从不饮酒。

有品酒师这样介绍品酒的步骤：“入口就是一汤匙的分量。从舌尖开始，让酒液向舌根滑去，吸一口气，打个滚，让酒液充分与口腔接触，让酒能够接触你口腔和舌头上不同味觉感应区域，去感受酒的酸、甜、苦、咸、涩味和整体平衡、厚薄等感觉。”

这样看来，品酒师的舌头不仅功能发达，就连活动起来也异常灵活。我们普通人的舌头一般只能分辨酸甜苦辣等区别明显的味道，而品酒师却能够分辨各种酒的浓度、甜度、醇度等指标，是不是他们拥有一条我们常人难以比拟、异常灵敏的“超级舌头”呢？其实，品酒师的超级舌头并非什么特异功能，而是感受性比较强。这既有先天的因素，也有赖于后天的不断训练。

感受性是指各种感觉器官对适宜刺激的感觉能力，感受性的大小由感觉阈限来衡量。感觉阈限指的是能引起感觉并持续一段时间的刺激量。感觉阈限越低证明感官的感受性越强，相反，如果感觉阈限高，则证明感官的感受性比较差。感觉阈限有一定的范围，范围内的刺激才可以引起感觉。每个人的感觉阈限大小有差异，但总体来看趋于一致。以听觉为例，一般人可以听到的声音频率为20Hz～20kHz，称为可听波，频率低于20Hz的声波称为次声波，频率20kHz～1GHz的声波称为超声波，次声波和超声波都不能被人耳听到。

感受性可以分为绝对感受性和差别感受性两种，相应地，感觉阈限可以分为绝对阈限和差别阈限。

绝对感受性指感觉器官感受适宜刺激的最小刺激量的能力，绝对感觉阈限指正好能引起感觉的最小刺激量。仍以听觉为例，外界入耳的声音（一定频率）为10dB时，被试1和被试2均听不到此声音，当声音强度为12dB时，被试1刚刚能听到此声音，被试2还是听不到，而声音强度达到15dB时，被试2才能刚刚听到，那么被试1在该频率下的听觉阈限下限为12dB，被试2在该频率下的听觉阈限下限为15dB，被试1的感受性优于被试2。回到开头提到的品酒师的问题，普通人的味觉绝对阈限是一茶匙糖溶于2加仑水（约合7.5L）中可以分辨出甜味，而品酒师受过专业的训练，他们的味觉绝对阈限就更低。为了保护这种来之不易的阈限水平，他们要饮食清淡，避免任何刺激性食物伤害味觉。

低于绝对感觉阈限的刺激称为“阈下刺激”，心理学研究表明，“阈下刺激”在一定条件下能够影响人的心理。在克罗斯尼克的实验中，以阈下刺激的水平向被试者快速闪现积极情绪场面或消极情绪场面，再让他们观看人物幻灯片。结果证明，尽管画面闪现非常快，被试者对不同情绪场面的感觉只是一道白光，但在紧随其后的任务幻灯片中，被试者对积极情绪场面后的人物评价更好。

由此可以确定，人们在一定程度上是可以加工自己感觉不到的信息的，当给人们迅速展示一个阈限以下的刺激时，这个刺激确实能引发刺激接受者的微弱情绪反应，从而对后继的反应也产生影响。这种现象称为阈下刺激的“启动效应”。

知识加油站——如何研究阈下知觉

阈下知觉的主要研究方法是基于认知心理学的实验法。最初的阈下实验范式的雏形可以追溯到1898年Sidis和1884年Peirce的实验。Sidis将带有字母和图片的卡片呈现给被试，让被试辨认上面的内容，继而逐渐增大卡片与被试之间的距离，以考察被试刚好不能辨别出卡片内容时，二者之间的距离是多少。Pierce的经典实验则采用内省法测试阈下知觉的存在性。早期的研究认为，人的知觉感受存在一个阈限值，超过了这个阈限值，就能在意识层面感受到刺激，低于这个阈限值的刺激就称为阈下刺激。随着认知心理学当中信号检测论的出现，这种观念被打破了。人们发现，在能引起人感觉的绝对阈限（又称客观阈限）之上，还有一个主观阈限。而所谓的阈下刺激信息，则是在客观阈限之上、而处于主观阈限之下的信息。阈下信息能够引起人的生理反应，却不能引起人的意识层面的注意。基于这样一种理论假设，Marcel在他1983年的经典研究中，利用掩蔽启动范式测量了阈下知觉对于语义判断的影响，使阈下知觉研究真正进入实验研究的阶段。

学者们往往通过实验中发现的启动效应来证明他们的观点。所谓启动效应是前一个刺激对于其后呈现刺激判断的促进作用。如果前一个刺激属于阈下刺激，那么这种启动效应就叫阈下启动效应。阈下启动研究范式一般分为情绪启动和语义启动。阈下情绪启动中，实验者为被试阈下呈现情绪图片（带有表情的标准化的面孔图），靶刺激则为中性的刺激，可以是图片，也可以是单词。实验任务一般是让被试对靶刺激进行喜好的正负性评价。实验结果显示，当阈下刺激为快乐面孔时，对于中性刺激的评价偏正性；相反，当阈下刺激为愤怒面孔时，对于中性刺激的评价偏负性。阈下语义启动中，实验者向被试提供的启动刺激是带有语义信息的单词或图片，通常来说是单词，又称为启动词。靶刺激也可以是单词或图片，通常单词也称作目标词。被试的任务通常是对目标词进行命名，通过测量反应时来判断阈下语义启动效应的强弱。

对应地，差别感受性是指能够感觉出两个同类刺激物间最小差异的能力，差别感觉阈限是指正好能够引起差别感觉的刺激物的最小变化量。德国生理学家韦伯曾系统研究了触觉的差别阈限。他让被试用手先后提起两个重量不大的物体并判断哪个更重些，从而确定了刚刚能够引起差别感觉的最小刺激量。结果发现对刺激物的差别感觉不取决于一个刺激增加的绝对数量而取决于刺激物增量与原刺激的比值。比方说如果手上原有的重量是100g，那么至少必须增加2g，人们才能感觉到两个重量即100g与102g的差别；如果原有的重量是200g，那么增加的重量必须达到4g；如果原重量为300g，那么增加的重量应该是6g。可见能够引起差别感觉刺激的增量与原刺激量之间存在着某种关系。这种关系可用以下公式来表示：

$$K = \Delta I / I$$

其中 I 为标准刺激的强度或原刺激量，ΔI 为引起差别感觉的刺激增量，即“差别阈限”，K 为一个常数。这个公式叫韦伯定律。对不同感觉来说 K 的数值是不相同的，即韦伯分数不同。根据韦伯分数的大小可以判断某种感觉的敏锐程度。韦伯分数越小感觉越敏锐。

研究表明，人的不同感觉的 K 值是不同的。一般情况下，重量的 K 值为0.03，即重量为100g的物体重量变化在 ±3g 之外，人才能感觉到重量的变化，而视觉为0.01，嗅觉为0.25，压觉为0.05等。

值得一提的是，绝对感受性和相对感受性之间虽然有一定的相关性，但并不是绝对的固定关系。绝对感受性强的人，其差别感受性强的可能性比较大，但仅仅是可能性，因为影响绝对感受性和相对感受性的因素并不一致。

人的各种感受性都不是一成不变的，它们受内外条件的影响，例如适应、对比、感官之间的相互作用、生活需要和训练等都能导致相应的感受性发生变化。不同的专业和工作需要有不同的感受性，体育、音乐、美术等特殊专业对感受性有较高的要求，而质检员等工作也要求从业人员的差异感受性较高。

本节思考题

1. 简述感觉对心理健康产生影响的重要意义。

2. 请分析“感觉适应是提升感觉阈限，降低感官的灵敏度”这句话是否正确，并阐明理由。

实践项目

痛觉是一种特殊的感觉，它是身体适应性机制的一部分，能够让人对有可能损害自己的威胁做出反应。与其他感觉不同的是，疼痛可能源于各种强烈的刺激，也有可能受到情绪、期望等因素的影响。请研究痛觉产生的机理，并对比“镇痛剂”和“疼痛控制心理技术”作用机理的差异。

第二节　感觉例说——视觉、听觉与触觉

课前思考

手机在现代人的生活中扮演着越来越重要的角色，手机的安全性也被消费者史无前例地重视。数字密码、指纹解锁、手势图片……林林总总的解密大法令人目不暇接。2015 年，多家手机厂商推出了带有“虹膜解锁”功能的手机。虹膜是人眼结构中位于巩膜和瞳孔之间的环状部分，包含丰富的纹理图像信息，它可以根据光线的强弱自动调节瞳孔的大小。这种手机在第一次使用时，通过发射红外 LED 光线照向用户的眼球，并通过前置摄像头对虹膜进行拍摄。这样，用户虹膜的初始照片会被提前保存在设备上。在之后需要解锁手机时，用户只需要对着手机一眨眼，虹膜认证系统会在后台进行自动搜索比对匹配，如果对比成功就可以实现虹膜解锁。

人类虹膜的独特性纹理特征在婴儿 10 个月的时候发育完成，并在人的一生中始终保持不变；每个人都具有独一无二的虹膜纹理，即使是同一个人的左右眼或者是同卵双胞胎都不相同；获取清晰的虹膜纹理图像需要专用的采集装置和用户的配合，很难实现盗取，目前尚无方法能够攻破虹膜识别算法。因此，虹膜解锁相比指纹解锁、面部识别解锁，识别率更高，错误率更低，安全性提升千万倍。

虹膜识别的应用场景有很多。除了手机，虹膜考勤识别可以从根本上

杜绝代考勤现象，而且识别迅速、无须接触；虹膜技术还可以用于儿童安全领域，目前中国儿童虹膜防丢网络平台已经在全国建立了400多个工作站；虹膜识别技术还能与智能测温技术相结合，应用在疫情防控情境中，虹膜识别系统不摘口罩即可身份认证，即使用户佩戴眼镜、护目镜、墨镜和大部分的隐形眼镜等也不影响。测温模块也被集成在虹膜识别设备中，如果体温超过设置的阈值，设备即能发出警报，同时通过对接政府传染病疫情防控大数据平台的后端云平台，助力行动轨迹跟踪等，大大提高了精准防控的效率。

视觉的形成

人类的眼球由眼球壁和内容物构成。眼球壁分为三层，最外层为巩膜和角膜，光线通过角膜发生折射进入眼内。中层为虹膜、睫状肌和脉络膜等。内层为视网膜和部分视神经。眼球的内容物有晶状体、房水和玻璃体。具体结构见图2.2。

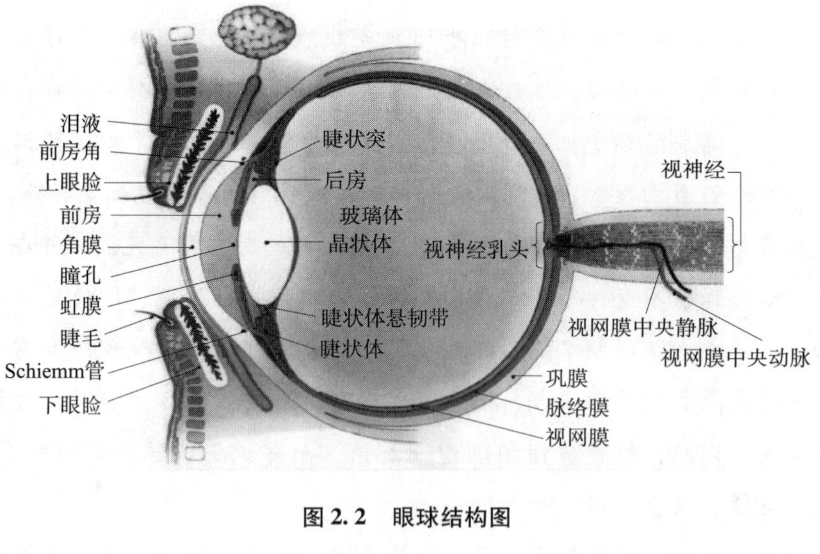

图2.2 眼球结构图

在这个构造中，虹膜属于眼球中层，位于血管膜的最前部，在睫状体前方，它的变化可以自动调节瞳孔的大小。虹膜与人的指纹一样，是独一无二的。正因为如此，英国剑桥大学的约翰·多曼博士便发明了虹膜身份测定技术。简单地说，虹膜测定技术是将虹膜的外观特征转化为虹膜密码，再储存在模板内备作确认的技术手段。

一个虹膜大约有266个单位的读取点，而其他传统生物测定技术只能读取13～16个单位，这在很大程度上肯定了虹膜测定的精确程度。虹膜解锁是通过红外LED光线照向用户的眼球，并通过前置摄像头对拍摄的虹膜进行识别。这样用户虹膜的初始照片会被提前保存在设备上，在下次需要进行比对时，虹膜认证系统会在后台进行搜索比对匹配，并最终实现虹膜解锁。

此外，使用此技术非常方便，扫描过程只需大约1分钟。现在已开始把这种身份确认技术用于银行提款机。只需在提款机上安装虹膜测定相机，银行便能瞬间确认使用者的身份，保证使用者的密码无法被窃取。

与眼球紧密相关的感觉现象是视觉。所谓视觉是通过视觉系统的外周感觉器官（眼）接受外界环境中一定波长范围内的电磁波刺激，经中枢有关部分进行编码加工和分析后获得的主观感觉。视觉产生的过程是这样的。首先光线透过角膜穿入瞳孔，瞳孔随光线的强弱而调节大小，控制进光量。光线再经过晶状体的折射，最后聚焦在视网膜上。视网膜上的感光细胞（锥体细胞和棒体细胞）通过一定的光化学反应影响双极细胞和节状细胞，从而引起视神经纤维的冲动穿入大脑皮层视觉中枢。视觉是人类最重要的感觉，个体察觉到的80%的信息来源于视觉，人类视觉的适宜刺激是波长在380～780nm之间的光波。

人们常说“眼见为实”，然而，现代研究表明实际并非如此。眼球只是帮助收集和转换光信息，真正形成视觉的是大脑中完全与外部光线隔离的视觉中枢。这样说来，我们看到的信息实际上是大脑经过各种约束条件后加工出来的信息，它很有可能与客观存在的事物并不完全一致。换言之，你所看见的事物并不是你看到的那样，而是你的大脑使你相信它是你认为的那样而已。

一个典型的例子就是“错视”，又称为“视觉假象”。错视很大程度上是由于视觉形成过程中无意识的影响，比如人们普遍认为“近大远小”，当在一幅山水画中看到一座比较小的山，就理所当然地认为这座山在远处。图 2. 3 就是一个典型的错视现象，请先用你的眼睛感受一下，中间的两个圆哪个更大，再动手量一下，你会发现不一样的结果。

图 2. 3　中间的两个圆一样大吗?

除了感知影像，眼球还可以帮助人们看到五彩斑斓的世界，也就是颜色视觉。颜色是光波作用于人眼所引起的视觉体验。人类对颜色的视觉具有色调、明度、饱和度三种特性，而这些特性取决于光波的波长、强度和纯度。红、橙、黄、绿、青、蓝、紫等颜色的色调，主要是由光波的波长决定的，明亮的环境下，人眼对于 560nm 的黄绿色光最敏感，所以无论是交通警察，还是养路工人、环卫工人，他们工作时都会穿上带有黄绿色条的特殊服装，以便引起驾驶员的注意。

师说心语——约会时穿什么颜色的衣服更能吸引对方?

衣服的颜色会影响到人们对衣服主人的喜好判断吗? 你也许会说，重要的是人，而不是衣服，更不是衣服的颜色。实际上，诸多实验结果表明，所穿衣服的颜色不仅是大脑对光波的反应，更能影响人们的偏好和判断。这也许和特定社会角色留给人们的色彩记忆有关。那么，约会时穿什么颜色的衣服更能吸引对方呢? 请扫码观看视频，并尝试从中找到答案。

颜色的明度是由光线的强度决定的，光的强度越大，颜色越亮，最终接近于白色；光的强度越小，颜色越暗，最终接近于黑色。我们在电脑上调节图片的对比度，实际上就是在调节颜色的明度。当光强达到一定程度时，人们产生的就不再是颜色视觉了，会对眼球造成损伤产生痛觉。

颜色的饱和度是由不同光波成分所决定的，光波成分越单纯，呈现出的颜色就越鲜艳，相反，光波成分越复杂，呈现出的颜色就越暗淡。光谱上的红、绿、蓝三色为三原色，它们不可再分解，但是按照一定比例相互混合则会出现各种色光。生活中出现的色盲现象，就是对光谱中的部分甚至全部色光不敏感，它的形成有先天遗传的因素，也可能是由于视网膜疾病、视神经障碍等后天原因造成的。

知识加油站——色盲的发病机制与治疗

色盲又称色觉缺陷，是指辨别颜色能力的缺乏或丧失。根据相关数据显示，色盲在全球范围内都很常见，发病人数近3亿人。色盲患者中多数为先天性遗传病，一般是由女性传递，男性表现症状。少数色盲为后天疾病导致的视路传导系统障碍。

从病因学角度，可以将色盲分为先天性色盲和获得性色盲两类。先天性色盲包括：全色盲，由于视锥细胞缺乏或功能缺失所致，临床表现为完全丧失辨色力；二色性色盲是因某一种视锥细胞缺失或功能丧失所致，如红绿色盲；三色觉异常是因为色觉能力下降而色觉仍存在，这种情况也称为色弱。获得性色盲是由于某些疾病所致。

现代神经生理学的研究发现，在视网膜上存在着三种感色的锥体细胞。三种锥体细胞敏感度相互重叠形成了正常人感受的色谱。根据色觉形成的机制，一个色觉正常的人可以看到的颜色一般都可以用红、绿、蓝三原色光的相加混合得到，所以视觉正常的人也被称为三色觉者。如果一个人用三原色匹配光谱的各种颜色出现差错，就被称为色弱。如果缺少某一种视锥细胞或视锥细胞功能异常无法辨别某种颜色或完全不能辨别颜色，就被称为色盲。

色盲眼镜的原理是补色与拮抗，在镜片上进行特殊镀膜把射入眼镜过多的光通过镜片反射掉，把进入眼睛太弱的光量进行加强，从而使进入人眼的三基色比例趋向正常，最终达到正确辨色的效果。全色盲通常是一种遗传性疾病，目前已发现与全色盲相关突变基因有四个。基因治疗可将外源正常基因通过载体导入靶细胞，从而达到治疗的目的。在临床中也有一些用于色盲矫正的治疗，如红光增色仪通过刺激视细胞的色黄功能来增强对某些颜色的辨别能力；视觉矫正仪包括了色盲矫正附镜和视觉色盲矫正图表，通过对各种颜色进行及时的分辨、转换、识别、练习来提高视觉的功能。但这些方法都只是对色盲一定程度的补偿，无法治愈色盲。

听觉的形成

听觉是个体对声音刺激的觉察，是仅次于视觉的一种十分重要的感觉。人类的语言信息和其他与声音有关的信息大部分是由听觉接收的。听觉的适宜刺激为频率 16～20000Hz 的声波，其中人耳最敏感的区间为 1000～4000Hz。

耳是人的听觉器官，它的主要功用就是接收外界复杂的声音信号，并将之转化为人脑可以识别的生物电讯号。耳由外耳、中耳和内耳三部分组成。外耳通过耳廓收集声音信号，并由外耳道经空气传至中耳的鼓膜。中耳除了鼓膜之外，还包括三块听小骨——锤骨、砧骨、镫骨。它们一边与鼓膜相连，一边与卵圆窗相接。当声波引起鼓膜振动之后，会带动听小骨系统传动，进而带动卵圆窗的振动。由于耳膜的面积比卵圆窗大 20 倍，因此当振动传到卵圆窗时，声压提高了 20～30 倍。内耳由前庭器官和耳蜗组成。内耳中的听觉感受器——柯蒂氏器由大量毛细胞组成，毛细胞产生的动作电位引起神经冲动，由传入神经传导至大脑皮层颞叶的听觉中枢产生听觉。具体结构见图 2.4。

除了生理传导之外，听觉的产生还有两条其他途径——空气传导和骨传导。空气传导是鼓膜振动引起中耳鼓室内的空气振动，再经卵圆窗传到内耳；骨传导则是振动产生的声波由颅骨传入内耳。我们每个人听到的自己的声音都是三种传导途径共同作用混合而成的声音。我们经常惊讶于听到录制下来的自己的声音与平时自己的声音大不相同，这是由于录制的声音仅仅是通过空气传播而收集的声音。这种声音也是身边的人听到我们讲话的声音。

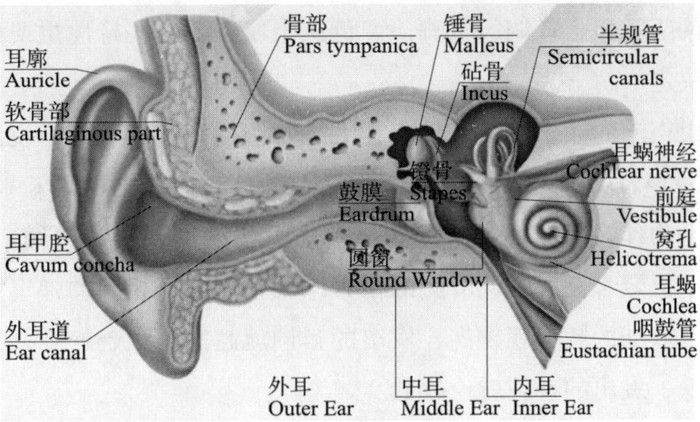

图 2.4　耳的结构图

生活中的心理学——为什么戴着耳机唱歌容易跑调？

在公交车上、地铁上常看到有人塞着耳机，忘情地跟唱，不仅声音大，跑调还很严重。也有人说不会，跑调的责任不在耳机，这些人本来就五音不全，不戴耳机也找不着调。跑调到底跟戴耳机有没有关系呢？

为了验证这个问题，研究者做了一个实验，请来了五名大学生，其中有一名是校合唱队的成员，还有一名是校园乐队的主唱，其他三名都是自认为热爱音乐，喜欢唱歌的同学，自选熟悉的歌曲分两次进行试唱并录音。结果发现，在没戴耳机情况下唱得很好的大学生，在戴上耳机后都不同程度出现了跑调。在回放录音时，连他们自己都不相信这是自己的歌声。

看来戴着耳机唱歌果真会导致跑调。那么，这到底是为什么呢？那是因为戴上耳机后，经骨传导被人感觉到的声音增强了，在这种环境下，唱出来的声音不能反馈到耳机里被自己听到，也就无法去判断自己唱的声音是否准确，所以，戴着耳机唱歌也就容易跑调了。大型的演唱会中，歌唱演员也会戴着耳机唱歌，但是那个耳机与我们平时使用的耳机又不同，它有专门的回路，使得歌唱演员可以从中听到自己的声音，进而调整自己的演唱状态。

人类的听觉包含音调、音响、音色三个属性，这些特性主要由声波的物理性质决定。

音调由声波的频率决定，频率越大，音调越高。成年男子说话声音的频率在 95～142Hz 之间，而成年女性说话声音频率一般在 272～653Hz 之间，这也是为什么男性的声音较为低沉而女性的声音较为尖细。弦乐器，如吉他、小提琴都会通过调节弦的松紧来调整音高，相同的弹奏力度，弦越紧绷，弦振动的频率就越高，发出的音调就越高；弦越松弛，振动的频率就会越低，发出的音调就比较低。

音响由声波的强度决定，强度越大，响度越大。响度通常用分贝来衡量，普通说话声音的响度为 60dB 到 80dB。80dB 以上的声音人已经会感觉到吵闹，汽车噪声介于 80～100dB，以一辆汽车发出 90dB 的噪声为例，在 100 米处，仍然可以听到 81dB 的噪声。而待在 100～120dB 的空间内，如无意外，一分钟人类就得暂时性失聪（致聋）。当声压超过 130dB 时，引起的是痛觉而不是正常的听觉。

音色主要是由声波成分的复杂程度决定的，在一场交响乐中可以分辨出小提琴、竖琴、小号、手风琴和大提琴，就是因为每一种乐器都有其特有的音色。除非基频相同，一般情况下混合出来的音乐不会产生一种新的合成音。

知识加油站——幻听发生的心理原因

幻觉是感知觉障碍的一种形式，指在无外界刺激并且意识清楚的情况下，体验到类似真实知觉的体验。在所有的幻觉中，听幻觉是最常发生的，不仅在精神分裂患者中常见，在其他非精神分裂症谱系中也较常见。创伤后应激障碍患者中出现幻听的发生率为 40%～50%，双相情感障碍为 37%，边缘性人格障碍为 30%，抑郁症为 10%～23%。

成年人的精神障碍多与童年曾受到虐待、童年的不良事件有关。有研究发现，87%的患者在幻听发生之前，曾经历过长期社会及人际关系不良、家庭冲突、受到虐待等事件，包括情感虐待、身体虐待、性虐待及忽视等。

幻听也与压力有关。现代人因为职业需要，长期手机不离身。例如媒体、销售、咨询、公关等行业中频繁使用通信工具的从业人员，往往铃声一响就立即投入工作。这些人长期处于“待机”状态，长期害怕错过重要信息、丢掉重要客户，心里期待着电话可能带来的机会。这些强烈的心理暗示会诱发人们的“手机依赖”，时间长了就会演变成幻听——无论手机放在哪儿，虽没有来电话，却能“听”到手机铃声；总觉得手机在响，每几分钟看一次手机；手机来电时异常紧张，甚至心跳加速，看到不是期望的电话，立刻情绪低落；换了新铃声，还能“听”到旧手机铃声等。

幻听的治疗要从根源抓起，轻症可以通过解压来达到目的；如果出现持续、严重的幻觉，可能属于精神疾病的症状之一，应主动求医，进行心理治疗。

在长时间的声音刺激之下，听觉感受性会显著降低，这一现象被称为听觉疲劳。听觉疲劳表现为听觉阈限的暂时性提高。听觉疲劳的程度与声音刺激的强度、持续的时间、刺激的频率等因素都有关系，如果长时间听觉疲劳而得不到听觉恢复，最终会导致听力降低或永久性听力丧失。车间里的一线工人长期与机器为伴，而机器碰撞会发出巨大的噪声，他们长时间在这样的环境下工作，还未到退休年龄就出现了耳鸣、耳聋等听力减退现象。

触觉的妙用

触觉是指分布于全身皮肤上的神经细胞接受来自外界的温度、湿度、疼痛、压力、振动等方面的感觉。多数动物的触觉器是遍布全身的，例如人的皮肤位于人的身体表层，依靠表皮上的游离神经末梢能感受温度、痛觉、触觉等多种感觉。狭义的触觉，指刺激轻轻接触皮肤触觉感受器所引起的肤觉。广义的触觉，还包括增加压力使皮肤部分变形所引起的肤觉，即压觉。一般统称为“触压觉”。除了触压觉之外还有触摸觉，触摸觉是触觉与肌肉运动觉的结合，主要是指人手的触摸觉，它不但能感知客体表面的光滑、粗糙，还能感知物体的长短、大小，以及物体的形状。

皮肤黏膜中的神经末梢是触觉的感受器，人对外界的刺激通过皮肤接收，再通过神经中枢传入大脑而形成触觉。皮肤表面散布触点，触点的大小有所不同，有的直径可以达到0.5mm，其分布也不规则，根据身体部位的不同而有所变化，一般指腹处最多，头部其次，而小腿及背部最少。所以人在指腹上的触觉最为敏感，而小腿及背部的触觉最为迟钝。用线头接触手指腹会有明显的触觉，而接触小腿则完全没有感觉；人们在打麻将时可以不用眼睛看牌，单纯通过指腹触摸来判断手中的牌，而用两个相距0.5cm的钝针触压背部皮肤，身体却会将两根针误判成一个物体，这些都是由于身体不同部位触点的分布不同造成的。

触觉并不是人类特有的，动物也有触觉，而动物的触觉往往是定位的重要手段。猫的胡须不能剪掉，因为猫的胡须与其身体的宽度是一致的，猫在捕捉老鼠时，通过用胡须丈量鼠洞口来判断自己是否能钻进去。主要以触觉来认识生活环境及其变化的动物称为触觉动物，如蚯蚓长期生活在泥土中，就是通过触觉对环境进行判断。触觉是动物界中广泛分布的一种原始的感觉，触觉刺激能诱发动物的各种防御反应，如水螅在遭到触碰后会诱发身体蜷缩、卷曲等非定向性运动，有些昆虫触碰后会立刻浑身僵直，呈现假死状态，而一段时间不触碰后会迅速逃走，而有些动物则会在遭到碰触关乎生命安危的情况下进行身体自切，如壁虎断尾，海星断腕，螃蟹断足，这些动物的折断部分以后可以再生。

触觉是人们社交活动中的重要行为方式。有研究表明，科学家发现怀孕三个月流产的胎儿，如果触动他嘴周围的汗毛就有反射性的反应。刚出生的婴儿触觉已经十分发达，当刺激婴儿嘴唇时就会产生食物性反射，如张嘴要吃、做出吮吸动作等，而刺激其他身体部位时，则会产生防御性反射。早期触觉如此发达，对婴儿的自我保护和认识世界有重要作用。

知识加油站——触觉与身心发展

按摩理疗家皮特·沃克提出：“满足宝宝的抚触需要，是给子宫里的宝宝渐渐灌输这个世界是一个仁慈的、充满关爱的世界的第一步。”20世纪50年代心理学家做过一个试验，喂宝宝吃饭但不触摸他们，实验结果表明，感觉缺失造成宝宝体重下降，肌肉协调能力不佳和冷漠感。对婴儿来说，怀抱、依偎和碰触是顺利成长最基本的条件。早产儿大多身体虚弱，免疫力低，容易受疾病侵扰，使父母长辈都十分忧心。而医生表示，积极做好早期干预，能让早产儿更加健康地成长，干预的手段之一就是按摩。

早产儿由于过早出生，神经发育不成熟，而且自身的神经、肌肉活动较少。但如果父母和护理人员用双手对早产儿的皮肤有次序、有手法、有技巧地进行科学按摩，让大量温和良好的刺激通过皮肤传到孩子的中枢神经系统，在触觉上给孩子一定的刺激。这种刺激会在孩子大脑中形成一种良性反射，促使脑细胞活动增加，从而促进婴儿的智能发育、心理运动发育。肢体的按摩，可以增加早产儿的四肢活动，使其头围、身长和体重显著增加，促进其生长发育；而腹部的按摩，可以使孩子的消化吸收功能增强，摄入的奶量明显增加。

从人与人之间的交往方式来看，婴儿通过肌肤接触与成年人建立联系。婴儿出生时，父母对新生儿的触摸行为非常重要。有科学家观察母亲在刚生完孩子后如何接触她们的宝宝，发现最早母亲是用手指触摸和摆弄孩子的肢体、亲吻他、轻轻摇动他，这就是最早的肌肤接触。以后，婴儿吃奶时，躺在母亲怀里，头枕着母亲的胳膊，被母亲宽阔的手臂护着，被母亲的体温温暖着，也达到了一定肌肤接触，这很有利于母子依恋感情的建立。前文也提到早产儿出生后父母的按摩与抚摸可以使婴儿的体重快速增加，其实，触觉上抚摸的作用并不止这些。对婴儿的按摩和抚摸可以给婴儿带来情感上的乐趣、刺激皮肤、提高婴儿的免疫功能，并且通过抚摸，婴儿的副交感神经系统被激活，释放内啡肽激素，这能通过降低新陈代谢调节血压，改善循环系统和睡眠，使身体恢复平衡。

触觉是婴儿最早发展的能力之一，丰富的触觉刺激对智力与情绪发展都有着重要影响。父母应当多与孩子接触，尤其在孩子的婴儿时期。这样不但能增进亲子关系，更能为孩子未来的学习和成长打下坚实的基础。即使对于成年人，经常与爱人、父母、孩子有肌肤的接触，如拥抱、抚摸、牵手等，也可以缓和人际关系，加深感情。一些美国和澳大利亚的年轻人就曾发起“Free Hugs”的拥抱活动，希望通过亲人、朋友，甚至陌生人之间的真诚拥抱感受友好和和谐。

师说心语——女生为什么喜欢相约上厕所？

在校园里，你总能看到一种“奇观”。课间十分钟，一群群青春洋溢的女孩子挽手相约，嬉闹着一起上厕所。“上厕所”这样一个私密的事情，在女孩子们之间似乎具有了特殊的心理含义。而反观男生，不仅没有呼朋引伴上厕所的愿望，甚至连亲密的肢体接触都显得很吝啬。那么，相约上厕所除了解决内急，还有怎样的奇特功效吗？请看视频“女生为什么喜欢相约上厕所”。

神奇的联觉

联觉是指各种感觉相互作用的心理现象。前文提到过，感觉的相互作用是指一定条件下某种感觉器官受到刺激而对其他感官的感受性造成一定影响的现象。而联觉更为具体，是指对一种感官的刺激作用触发另一种感觉的现象。

“颜色—温度”联觉是一种常见的联觉现象。例如，红、橙、黄色会使人感到温暖，因此被称作暖色；蓝、青、绿色会使人感到寒冷，因此被称作冷色。还有“颜色—触觉”联觉，例如看到湛蓝的天空似乎可以感觉到蓝色天鹅绒划过指尖；绘画、建筑、环境布置、图案设计等活动中用直线显示坚硬，曲线显示流畅，而折线显示生硬。

生活中的心理学——看个电视为啥你却直吞口水？

近年来，电视上一些高品质的美食节目，如《舌尖上的中国》《早餐中国》等，受到人们的追捧。明明只是看看电视，但却能够充分调动观众的味蕾，“看起来很好吃”是观众的共同心声。节目通过视听语言调动起视觉、听觉与味觉三大感官，相互贯通，使观众在观看纪录片的过程中实现感官联觉，获得各地美食的体验。

重庆的早晨，卖小面的饭馆。堆摞的碗碟、忙碌的老板，人们的吸面声、点菜声……视觉与听觉在声画合一的画面中得到贯通，观众感受到自己仿佛身处于热气腾腾的饭馆中；视味联觉主要通过美食的特写镜头以及高饱和度的暖色调结合使用来实现的。煎包在油锅里慢慢煎至金黄，在特写镜头下，观众能够清晰地看到锅中的油翻滚出泡泡。煎包出锅后撒上白芝麻与翠绿的葱花。高饱和度的金黄色、翠绿色、暖白色形成视觉冲击，观众在享受视觉体验的同时，既往的美食经验与记忆被调动出来，形成相应的味觉刺激；一对姐弟食客咬碎牛肉馍的“咔吱”声，小孩子嗦粉的“吸溜”声，店内顾客喝面汤的“咕嘟”声，向观众直观地呈现了牛肉馍的酥脆鲜香，肉丝粉的美味，使视觉和味觉联通起来。

此外，文学作品中也有联觉的应用。“微风过处，送来缕缕清香，仿佛远处高楼上渺茫的歌声似的。”这是朱自清的散文《荷塘月色》中的名句。在这个句子中，作者用若有似无的荷塘清香与缥缈的歌声相比拟，让人仿佛身临其境。可是，细心人会发现，这个比喻中的本体和喻体实际上是来自两个不同系统的感觉——嗅觉与听觉。来自不同感觉通道的信息进行类比，却毫无违和感，不得不佩服作家对生活细致入微的体察。

“字形—颜色”联觉，人看到一个数字或者字母后能自动看到它带有某种相关的颜色。美国著名的物理学家，1965 年诺贝尔物理奖得主理查德·费曼说：“我看到等式的时候，不知道为什么字母是彩色的。”这位科学天才看到的 n 是浅紫色的，x 是深褐色的，j 是浅棕色的。有心理学家做过一个实验。对于能将特定数字与特点颜色产生联接的人，他们可以一眼看出在白底黑字中隐藏的排列形式，对于他们来说，数字 2 排列成的三角形会凸显出来。但具有正常感知觉的人必须逐字搜寻才能挑出藏身于数字 5 中的数字 2。

“颜色—听觉”联觉是又一种常见的联觉现象，即对色彩的感觉能引起相应的听觉。北宋诗人宋祁的名句“红杏枝头春意闹”，被王国维的《人间词话》评价为“著一‘闹’字而境界全出”。这里就是运用了联觉意象。原本由红杏娇艳欲滴引发的静态的视觉感受，却引发了听觉等动态画面，不得不惊叹人类感觉的奇妙。

此外，现代的“彩色音乐”运用的也是这一原理。康定斯基在其《论艺术的精神》一书中将色彩和音乐的情感联系起来，并总结出了一系列色彩伴音，如刺耳的喇叭声代表黄色，长笛代表淡蓝色，大提琴代表蓝色，风琴代表深蓝色，小提琴的中音流淌出绿色，而节奏的停顿是白色。不同的乐器显示出不同的色彩，色彩的明度好比音乐的跨度，色彩明度的高低与音乐上的高音和低音相对应，不同颜色组成的图画就好像音乐中的某一小节乐章，颜色会呈现出或欢快或悲伤的情感感受，画面的情感色彩也就不同，音乐恰恰也是这样，因此音乐也有了感情。美国密苏里州堪萨斯市的一名女子玛丽莎·麦克瑞肯在听到音乐后，眼前会自然而然地浮现出颜色与材质，而且她把自己的这种形象感觉画成了一幅幅色彩缤纷的画。

那么，联觉是怎样形成的？联觉的产生对人有益还是有害呢？科学家对联觉的研究一直没有停止，近几年，人们通过正电子发射计算机断层扫描（PET）研究证实，人类大脑的每一个区域负责某种感觉成分，这就使得声音分属听觉区，而不是视觉或嗅觉区。但是，有时两种不同的区域发生融合，于是就会看见有颜色的音符，听见食物的味道，并且在许多数字中能立刻辨别出一组相同的数字，因为这些数字可以从颜色上分辨出来。这就是联觉现象。至于为什么这些区域会发生融合，在什么条件下才能融合，至今科学界还没有权威的解释。

从潜能上来讲，每个人都能够体验到联觉的感受，而大多人不能将其上升到意识层面。只有少数人才具备感知并表达出来的能力。心理学家西托威克经过 15 年的研究，估算了这种现象在人群中的发生率：大约在 25000 人中有 1 人具有较稳定的联觉感知。联觉者通过感官将接收到的刺激部分联系在一起，有些是两种感官联系在一起，少数联觉者是三种感官联系在一起。两种感官的联系主要有字母—颜色联觉，符号—味觉联觉，声音—颜色联觉，声音—味觉联觉；三种感官的联系主要是时间—空间—情感联觉，拥有这种能力的人可以对历史教科书过目不忘。

有些研究者认为联觉是人的一种与生俱来的能力，与遗传基因有关系。因为在联觉感知的人中大多数为女性，所以科学家在考虑联觉是否与X染色体有关。而科恩与他的研究小组发现，婴儿从出生到六个月期间常常会把各种感觉混杂在一起，因为此时婴儿的神经系统尚未成熟，各神经元和大脑区域之间的联动非常旺盛，当功能逐步健全时，这种现象会逐渐消失。也有人指出联觉能力与创造力有关，因为许多颇有成就的科学家和艺术家都具有联觉能力。另外，科学研究指出，联觉现象大多出现在数学较差的人身上，左撇子、方向感较差以及有过预知经历的人也通常会出现联觉现象。

有些联觉者对自身的联觉能力不堪其扰，认为联觉扰乱了他们的正常生活。实际上，联觉可以说是上天的恩赐。现在科学家已经在试图研究如何在一个不具备联觉能力的人身上培养出联觉能力。如果能够成功，未来你可能会看到带颜色的音符，品尝到甜的或咸的歌曲，触摸到粗糙的乐曲，那将是多么丰富而又美妙的世界。

本节思考题

1. 简述视觉、听觉、味觉、嗅觉、触觉，所有这些感觉的发生机制有何共同点？

2. 光的波长、强度分别可以带来什么感觉？声波的频率又可以带来怎样的感受呢？

实践项目

请自行查阅资料，了解3D、4D、5D电影的原理以及区别，谈一谈这些电影是如何通过调动人类感官达到身临其境的逼真效果的。

第三节　是“13”还是“B”——知觉

课前思考

请看图 2.5，中间的图案是“13”还是“B”呢？相信很多人应该会有相似的答案：横向看的话会觉得是“B”，而看竖直的一列的话会觉得是“13”，可是单看的话，似乎既像“13”又像“B”。为什么会这样呢？因为左右两边的字母“A”和“C”，上下部分的数字“12”和“14”让我们产生了一种情境效应，人们不由自主地受到横向连续字母的影响，将它知觉为“B”；受到纵向的连续数字的影响，将它知觉为“13”。看来，现实生活中我们的知觉常常要受到环境和已有知识经验的影响。不同的个体知识背景不同，知觉到的内容也不同。那么，“知觉”是什么？它和感觉的区别有哪些？知觉是如何形成的呢？带着这些问题，请开始下面的学习。

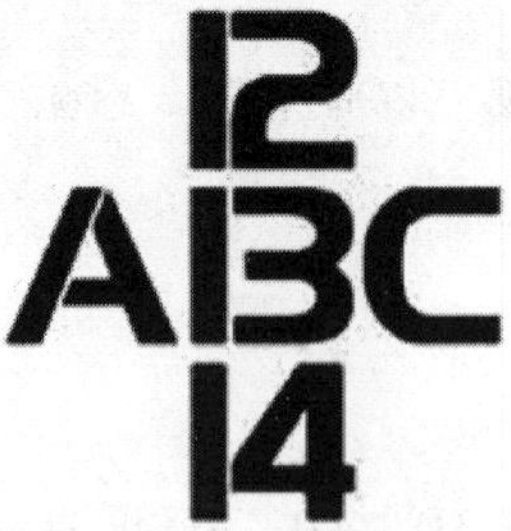

图 2.5　是“13”还是“B”

知觉的基本概念

知觉（Perception）是人脑对直接作用于感觉器官的事物的整体属性的反映，是个体将感觉信息组织成有意义的整体的过程。例如当人面对一个苹果，看到了它的颜色和形状，嗅到了苹果的香味，拿着苹果可以感受到它的重量以及表面是否光滑，这些对苹果的视觉、嗅觉和触觉都是对苹果个别属性的感觉，而我们在人脑中将这些个别属性整合并形成一个整体，再加上原有的知识和经验，形成了苹果的整体映像。

知觉是在感觉的基础上形成的，但却不仅是感觉的简单集合。感觉信息是简单而具体的，主要取决于刺激物的物理性质；而知觉较为复杂，它需要利用已有的知识和经验，对接收到的感觉信息进行整合，同时对这些信息进行解释，使这些信息组成一个有意义的整体。感觉和知觉同属于人的心理活动，它们都是认识过程的感性阶段。二者作为一种紧密联系的心理活动，既有共同之处，又存在个别差异。

知识加油站——脸盲症是“炫耀”还是“真瞎”？

如果你的朋友娶了一个漂亮老婆，你恭喜他抱得美人归，他却说：“我老婆很漂亮吗？我这个人脸盲，根本分不清谁漂亮谁不漂亮，我选择跟她在一起，主要是因为她的内在美。”听到这话，你一定会说他在“凡尔赛”，秀起恩爱来套路满满。但是，在这个世界上，真有“脸盲症”的存在，其学名为“面孔失认症”。

面孔失认症（Prosopagnosia）是一种认知障碍疾病，患者的视觉能力完好，但却无法辨识熟悉的脸孔。换句话说，他们能够看清对方面部的细节特征，但很难将其整合，从整体角度进行辨识。表现在生活中，他们很难记住别人的脸，看到熟人总是“视若无睹”；看电影的时候经常分不清影片中的角色，尤其在看国外电影时更是如此；他们甚至无法辨识自己的面孔，每次照镜子的时候都觉得很陌生。面孔失认症的发生机制比较复杂，可能与脑部异常有关。识别面孔依靠的脑区包括梭状回、枕下回和颞上沟区域，以及颞叶前部和前额叶皮层。这些区域的损伤或者发育不完善会导致面孔失认症。也有研究表明，这些区域之间的神经连接出现异常的话也有类似效果。

面孔失认症可以通过行为训练得以改善。目前采用的训练方法主要有功能训练和替代训练，如给后天患者一些语义信息提示（名字、职业等）激活相关联的知识，利用患者未被损害的其他信息通道来增强对面孔的熟悉感，补偿面孔认知缺陷；而对于先天患者，主要是依赖步态、声音等替代性线索进行综合识别。

感觉与知觉具有密切联系。首先，感觉是人对客观事物个别属性的反映，知觉则是对客观事物的不同属性进行综合，对事物做出整体的反映。没有对事物个别属性的感觉，也就难以形成不同属性组成的知觉。由此说来，感觉是知觉的基础，知觉的形成以感觉为依托。对客观事物的感觉越是丰富、精准，形成的知觉就越全面；其次，感觉和知觉都是对当前作用于感觉器官的各种客观事物的主观的、直接的反映。只有当外界刺激直接作用于感知者时，人们才会产生对这一事物的感觉和知觉，没有客观事物的直接作用而在人脑产生的映像只能是幻觉。最后，感觉和知觉都是人脑活动的产物，都是人脑通过感觉器官接受外界刺激的信息并对信息进行加工处理的过程，人脑也因此是感觉和知觉的直接生理基础。

感觉和知觉也有差异。首先，二者产生的过程存在区别。感觉是介于生理和心理之间的活动，其产生主要来源于感觉器官的生理活动和客观事物本身的物理特性；而知觉的产生则是将感觉到的客观事物的各种属性进行综合的心理过程，这是一种纯粹的心理过程。因此，感觉在很大程度上由生理刺激决定，而知觉则由人的主观经验和知识决定。其次，感觉和知觉的生理机制存在差异。感觉是单一分析器活动的结果，通过感觉器官对刺激的接收，将信息传导到大脑的相应负责区域，通过简单的信息加工形成对客观事物个别属性的认识；知觉则是由多种分析器协同工作，对复杂刺激物或刺激物之间关系的分析、判断和综合的结果。

知觉的特征

由于人的知觉结果包含了个人色彩的成分，因此体现出一些特性，包括理解性、整体性、选择性和恒常性。

师说心语——怎样穿才能显瘦？

如何让自己“穿衣显瘦”是许多人的心之所向。对此，穿搭博主可能会向你推荐新装买买买，健身教练可能会向你推荐运动练练练，但心理学人则会推荐你利用知觉规律，对现有的服装稍作调整，就可以给人“瘦了一圈”的感受。毕竟知觉是人脑基于感觉信息的加工整合，这个过程会受到环境因素、经验因素的影响。请看视频“怎样穿才能显瘦”。

理解性是指人在知觉过程中总是希望对知觉对象赋予一定的意义。当一个知觉对象展现在面前时，人们总是倾向运用已有的知识经验理解这一现象，并将它归于经验中的某一类事物。鲁迅说过，“一部红楼梦，道学家看到了淫，经学家看到了易，才子佳人看到了缠绵，革命家看到了排满，流言家看到了宫闱秘事”。从知觉的角度讲，道学家、经学家、才子佳人、革命家和流言家所储备的知识经验不同，在看到《红楼梦》时也就产生了各自的见解。语言在知觉活动中起一定的指导作用，当我们给某一事物赋予一定意义时，通常需要用词语来标志它，并且当知觉对象的外部标志不太明显时，语言可以帮助我们迅速利用已有经验弥补感觉信息的不足，例如图 2.6 中的墨迹图乍一看可能看不出画的内容，但如果这时被告知图中是一条狗，狗的图形就会跃然纸上。图 2.7 中，如果被告知图中是一张男性的脸庞，就可以将中间的眼睛与左边图形视为一体，如果被告知是一个女性的脸庞，中间部分就容易与右边部分组成一张女性脸孔。

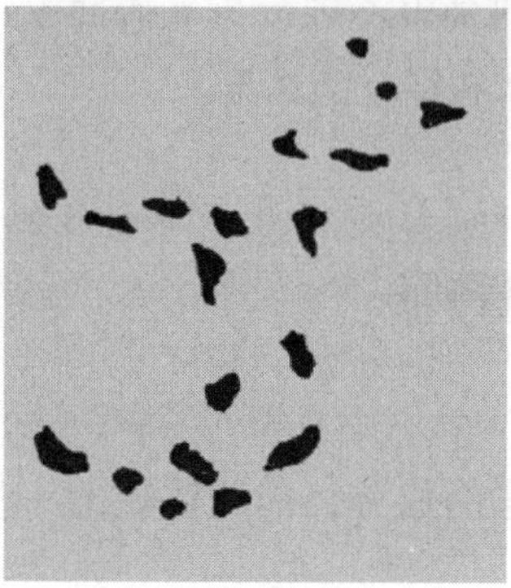

图 2.6　狗的墨迹图

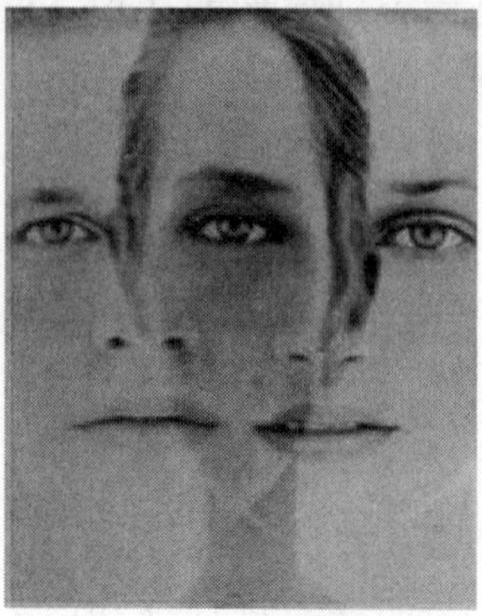

图 2.7　人脸图

知觉的整体性是指人在知觉过程中，倾向于把零散的对象知觉为一个整体。如图 2.8 所示的马是由许多分散的线条组成的，但我们可以通过知觉看出这是一匹马。在整体性的知觉中，对象的内部关系发挥着重要作用，如图 2.8 中组成马的各个线条，无论大小、粗细如何变化，只要各线条间保持的比例不变，就仍能够看出是一匹马。图 2.9 是一张在微信朋友圈中引发诸多转发的图片，表面上看这只是一些杂乱无章的线条，但是当你把书本向前倾斜，就可以看到里面掩藏的字体。这也是利用了知觉的整体性。

图 2.8　由不连续线条组成的马

图 2.9　在杂乱线条中掩藏的文字

各抒己见——模特为什么面无表情?

不知道你有没有发现，时装模特在走秀的时候，身上穿的衣服或飘逸或华丽或新奇，但不变的是脸上永远冷冷的表情。高颜值好身材的时装模特，如果表情鲜活，眼神灵动岂不是更加增添一份美丽？为什么他们总是面无表情呢?

知觉的选择性是指，当人们面对众多客体时，常常优先知觉部分客体，被清楚认识到的客体称作图形，未被清楚认识的客体称作背景。例如教师在讲课过程中，用教具指向黑板，这时教具就成了知觉的对象，而教师进行板书时黑板又成了知觉的对象。一定条件下对象和背景可以相互转换。知觉的选择性可以根据实际情况的需要进行增强或减弱。登山运动员被要求穿颜色鲜艳的衣服，来增强在雪地中的突出性，便于识别和判断；而士兵穿着迷彩服则是为了尽量与周围环境保持一致，以起到隐藏、保护的作用。图形和背景相互转换而看到图形变化的情况被称为两可图，请看图 2. 10、图 2. 11。当把不同的对象当作图形时，看到的内容是不一样的。

图 2. 10　天使－魔鬼两可图

图 2. 11　乐手－少女两可图

知觉的恒常性是指，当知觉的条件在一定范围内发生变化时，知觉的印象仍然保持相对不变。如我们都知道“近大远小”的常识，当马路边的路灯由近及远地望去，路灯的高度渐渐变小，但我们却知道这些路灯的高度是一样的。再如大多数人平常看篮球筐都是从侧面的某个角度看去的，很少有人从篮筐的垂直下方或正上方看过它。这使得篮筐看起来并不是圆形，但没有人会觉得篮球筐是扁圆形，依然会认为它的横截面是正圆形，篮球可以顺利地从篮筐通过。这些都是知觉的恒常性在发挥作用。

知觉理论

人为什么可以识别对象？研究认为，大脑会采用两种方式对对象进行加工。一种是自下而上的加工（Bottom - up Processing），一种是自上而下的加工（Top - down Processing）。自下而上加工是指由外部刺激开始的加工，通常是先对较小的知觉单元进行分析，然后再转向较大的知觉单元，经过一系列连续阶段的加工而达到对感觉刺激的解释。而自上而下加工是由有关知觉对象的一般知识、经验开始的加工，由此形成期望或者对知觉对象的假设。这种期望或假设制约加工的所有阶段和水平。平时所说的上下文效应、先入为主就是自上而下加工的一种展现。

两种不同的加工方式带来了一个问题：对于一个客体，是先知觉其各部分，进而知觉整体，还是先知觉整体，再由此知觉其各个部分？自格式塔心理学兴起以来，这个问题在知觉研究中一直尖锐地存在着。格式塔心理学认为，整体多于部分之和，整体决定着其部分的知觉。而此后有其他学者则提出不同的观点。

为更好解决两者的争端，研究者提出了“模式识别理论”，借此将其整合到一个更加合理的模型中。该理论认为，人的知觉过程就是一个模式识别过程。所谓模式是指由若干元素或者成分，按一定关系形成的某种刺激结构。当人能够确认他所知觉的某个模式是什么，将它与其他模式区分开来，就是模式识别。

模式识别理论当中，比较早的观点是“模板说”。它的核心思想是，在人的长时记忆中，贮存着许多各式各样的、过去在生活中形成的外部模式的袖珍复本，这些复本即称之为模板。它们与外部的模式有一一对应的关系。在识别物体时，看哪个模板与刺激有最佳的匹配，就把这个刺激确认为与那个模板相同，刺激就得到识别。该理论的优点是简单、实用，但缺点也很显而易见：按照该理论的假设，人脑储存的模板可能为天文数字；更重要的是，现实世界中，人类可以辨识之前从未见过（即没有模板存在），但却与已有经验有类似特征的刺激。例如，人们记忆中存在有 A 品牌矿泉水的模板，但在看到 B 品牌矿泉水时，虽然他之前从未见过该产品，但通过产品外观等特征，很容易将 B 辨识为矿泉水。而不会认为它是白酒，或者白醋。这一点模板说就无法进行解释。

“原型说”弥补了模板说的不足。原型是一类客体的内部表征，即一个类别或者范畴的所有个体的概括表征。该理论认为，人们并非将刺激与模板一一对照，而是通过原型进行匹配。只要刺激有相应的原型，新的、不熟悉的刺激也可以得到识别。人们之所以能够识别 B 品牌矿泉水，是因为这个矿泉水塑料包装、圆柱体瓶身、透明液体等特征，匹配了瓶装矿泉水的原型，而与白酒玻璃瓶或陶瓷瓶的原型并不一致，因此得到识别。当然，该学说也有不足，它的缺陷在于对原型的具体特征和编码形式没有明确说明，此外，模板说更强调自下而上的知觉加工，而原型说则与自上而下的加工更加匹配。

当不同事物间的原型很相近时，就会发生识别困难，甚至出现错误。那么在这种情况下，人类又是如何进行识别的呢？“特征说”认为，特征是知觉的单元，特征分析在模式识别中起着关键作用。人的长时记忆库是以各种特征来表征外部刺激或模式的。其工作原理是先识别刺激特征，再对特征分析，综合与记忆库中的各种刺激的特征进行比较，从而获取最佳匹配。例如，人要识别字母“R”，会将 R 拆解为三个特征，分别是竖线、斜线、连续曲线。而记忆库中的其他字母，例如 D、P 因为不能完全满足特征要求，因此，不能得到匹配。个体通过特征的匹配，而非原型的匹配来识别刺激。

上述三个理论虽然都具有一定解释力，但都只抓住了全貌的一个方面。反过来说，每个单独的理论都需要其他理论的支撑。因此，知觉的许多理论与其说是对立的，不如说是互补的。目前还没有一个全面的理论足以解释它的全部内容，今后要找出一条整合的途径来丰富和完善知觉理论。

本节思考题

1. 根据你自己的经历，举出一个自上而下加工的例子。
2. “知觉并非对世界的确切复制”对于这句话你如何理解？
3. 请简述感觉与知觉之间的区别与联系。

实践项目

请设计实验验证“知识经验对知觉结果的影响”。请提出具体假设并完成实验，撰写实验报告。

第四节　心理活动的“舵手”——注意

课前思考

驾驶汽车是现代人必备的能力之一。在驾校学习驾驶的过程中，新学员初次接触汽车的过程中总会手忙脚乱、十分紧张，双手紧紧握着方向盘，眼睛死死盯着前方，注意力高度集中，一旦坐上主驾驶位置就不能交谈，甚至听不见教练的指导了。即使这样也常常首尾不能兼顾，免不了出错。再反观教练员，他们总是一边打着方向盘一边说着动作要领，空闲的时候还可以喝口水听听广播，驾驶起来动作娴熟，游刃有余！看来熟手与新手的重要区别在于，熟手的注意力似乎很“富裕”，驾驶时可以一心多用，而新手的注意力似乎很“贫乏”，仅驾驶一件事情就足以令他无暇他顾。是不是熟手与新手的注意力资源存在量上的差异呢？请带着这些问题，开始本节的学习。

注意是心理活动对一定对象的指向和集中，注意只能在人处于清醒状态时才能实现，它指挥着人的感知觉、意识、思维等心理活动，在一段时间内集中并保持在一定对象之上。在下一个时段内，再有意识地进行转换和调控。例如在看一场紧张激烈、战况胶着的球赛时，观众会全身心地投入赛场情况中，以至于身边有人与他说话也没有注意到。而一旦球赛结束，观众的注意力就会转移到其他方面，如与周围的朋友交谈、评论等。

在这个过程中，注意并不是心理过程本身，而是指挥心理过程的朝向、强度等。所以，注意并不是心理过程，而是一种心理状态。心理状态不能独立存在，它必须依附在心理过程之上才能存在。

研究注意力的心理学家认为，人的心理资源是有限的，在任何指定时间内，人仅拥有一定的心理能量来从事眼前的工作。如果一个人将自己一定比例的心理资源投入在一件事情上，那么分摊到其他事情上的心理资源就会相应减少。一项工作越是复杂和不熟悉，人就会将越多的心理资源分配到这件事上以保证任务的完成。在学习驾驶的过程中，新学员由于对汽车结构和操作流程都不熟悉，对他来说驾驶是一件十分复杂的事情。学员在驾驶时不仅要操控汽油踏板、离合器、刹车、转向灯等部件，还要观察路面情况，同时要注意观察后视镜和车速。一个新学员需要同时关注如此多的事情，要花费相当多的心理资源，从而花费在其他事情上的心理资源相对减少。而教练员对汽车的这些操作流程已经十分熟悉，因而在驾驶上花费的心理资源较少，也就有精力做一些驾驶以外的其他事情。所以，熟手与新手并非注意资源量上有差异，而是他们投入驾驶这件事的资源量有不同。

知识加油站——鸡尾酒会效应

想象一个场景，你站在一个人头攒动的房间里，周围都是来自不同国家的人，用不同语言在交谈。而你除了汉语之外，听不懂任何其他语言。这时，你突然听到，在离你较远的地方，似乎有一个人在讲汉语。虽然他的声音是那么的微弱，但你依然在嘈杂的各种语言中精确地发现了它。你支起耳朵仔细捕捉着这微弱的声音，最终你准确捕捉到了它，并准确定位了这个说汉语的人。对周围的嘈杂声音充耳不闻，却能准确遴选出你感兴趣的语音，这实际上是听觉系统的一种选择能力，心理学把这种现象称为“鸡尾酒会效应”。人们的注意力会挑选出想听的话之后，对其他对话都进行某种程度的忽略，然后“充耳不闻”。在生活中也有很多这样的例子，在远处突然有人叫自己的名字时，我们会马上注意到。

注意有两个特性：指向性和集中性。指向性是指心理活动某一时刻指向一部分对象而离开其他对象，这表现出个体心理活动鲜明的选择性。如一个人在看小说时，其心理活动就指向了小说中的故事情节，对周围发生的一切都熟视无睹。指向性不同，人们从周围环境获得的信息就不同。

集中性是指当心理活动或意识指向某一对象后会稳定于这一对象，即对这一对象全神贯注。如医生在进行复杂的外科手术时，会将注意力高度集中于手术实施部位和自己的手术动作流程，并且能在相当长的时间里保持注意力不转移。这是一项费心费力的工程，很多外科医生在十几个小时的手术后，常常累得瘫倒在地就是这个原因。心理活动或意识的强度越大，紧张度越高，所需的注意力也就越集中，耗费的心理资源就越多。

使注意力集中的对象是“注意中心”，除此之外的其他事物是“注意边缘”。人们对“注意中心”的事物往往印象深刻，对“注意边缘”的事物则印象模糊。注意中心和注意边缘不是一成不变的，它们会随着个体的活动任务不同和周围环境的变化而变化，这样让人们更好地适应环境。

注意在个体的心理活动中主要表现为三种功能：选择功能、维持功能和调节功能。

人脑的信息加工能力是有限的，在同一时间只能加工一部分信息。注意的选择功能使大脑能够选择主体认为重要的信息进行加工。同时使大脑排除其他信息的干扰，从而提高大脑的工作效率。选择功能是注意的首要功能，注意的其他功能都是在这一功能的前提下产生作用的。

维持功能是指注意能使人的心理活动在选择的对象上保持较长时间，并维持一种比较紧张的状态，从而保证活动顺利有序地进行。注意不仅使心理活动选择一定的对象，而且使心理活动集中于该对象，从而使注意对象的内容或映像保持在意识之中，直到心理活动完成。

调节功能是指注意对心理活动的监督和调整作用。通过调节功能，注意使人的心理活动沿着一定的方向和目标进行，也可以提高人的意识觉醒水平，使心理活动根据当前面对的对象进行适当的分配和及时调整，从而保证心理活动的顺利完成。人在注意集中时，工作和学习中出现的错误就少，效率也随之提高。

当人处在高度注意水平时，有自己相应的外部表现，因此在一定程度上可以通过人的外部表现来判断注意力的集中和维持。例如，当人注视某一种物体或聆听某种声音时，会将感觉器官（眼或耳）朝向需要注意的对象，以便获得对此物体最清晰的印象；当注意集中时，会在血液循环和呼吸中做出反应，如肢体血管收缩，头部血管舒张，呼吸的比例也发生变化，吸气变短，呼气则相对绵长；而在注意高度集中时，还常常会出现特殊的表情动作，如托住下颌或两腮，凝神远望，目光停滞在某处等。

注意的外部表现可以作为研究注意的一项客观指标，但注意的本质仍是一种心理状态，与外部表现并不总是一一对应。比如在课堂上，表面看来学生盯着老师，做出一副认真听讲的表情，但内心上可能完全没有注意老师讲课的内容，而在关注其他与课堂无关的东西。因此，单纯通过注意的外部表现来判断和说明一个人的注意状态容易出现偏差，有时会得出错误的、与实际不符的结论。

注意的分类

生活中很多时候，人们需要努力、专注才能将注意力集中起来。这就涉及注意的三种类型：无意注意、有意注意和有意后注意。

无意注意是指事先没有预定的目的，不需要意志努力就能实现的注意，也可称为不随意注意，它是人们不由自主地对那些强烈的、新颖的、感兴趣的人和事物表现出的心理活动的指向和集中。例如在安静的会议室中，突然有东西从桌上掉落摔到地上，大家会不自觉地抬头寻找声源；上课时，突然有迟到的同学闯进教室，学生们会不由自主地向他望去。

由于无意注意既没有预定的认识目标，也不靠人的意志努力，因而无意注意的引起和维持主要取决于刺激物本身的性质和强度。这样看来，无意注意是一种消极且被动的注意，是注意的初级形式。但从另一方面来说，正是由于无意注意不需要意志努力来引起和维持，它具有一个优点，不易使个体产生疲劳。

生活中的心理学——明星与“狗仔”的互动游戏

经常在娱乐版的头条看到明星被偷拍的新闻。机场、商店、酒店是偷拍的高发地。每次明星们出行时不可谓不用心，脸遮黑超，面捂口罩，头戴帽子，脚步匆匆，似乎生怕被狗仔抓拍到。可每次这样的全副武装依然会被“万能”的狗仔逮个正着。是记者太敬业，还是明星别有用心？如果你有机会亲历偷拍现场，就会恍然大悟。没错，明星的防护措施的确做得很到位，墨镜、口罩、帽子裹了个严严实实，但是你可以想象这种装扮的乘客在机场显得有多突兀吗？有谁在室内还戴墨镜？明星的确低头不语，脚步匆匆，可前前后后数十位工作人员的前呼后拥让你不想注意他都难。看来偶然中蕴藏着必然。想来这些狗仔和明星之间可能都有着不可言说的默契，你上头条，我完任务，的确是两全其美，双方受益。

引起无意注意的影响因素主要有两大类，一是客观刺激物本身的特点，二是人的主观状态。客观刺激物本身的特点包括几个方面，如刺激物的强度。如闪电、爆炸声、刺激性气味都会引起人的无意注意。一般刺激物强度越大越容易引起人的注意。但相对强度比绝对强度在影响无意注意上更为重要。比如在人声鼎沸的闹市区，大声呼喊某个人也不会引起其注意，而在静谧的图书馆阅览室，别人轻微的咳嗽声也能引起注意；有时反其道而行之也会引起人的无意注意。比如小学低年级的学生本身注意力水平并不高，课堂上当小学生们交头接耳不顾老师的提醒时，老师与其大声疾呼，不如销声伫立，这反倒能使小学生们将注意力重新集中到老师身上。

刺激物的新颖性。新颖奇特的事物容易引起人的无意注意。如今网络上的“标题党”就是从这个角度入手吸引网友注意的。原本一条普通新闻，被“标题党”加上一个颇能博人眼球的题目，吸引人们纷纷点击。还有一些广告，在色彩、字体、内容等的设计上都构思精妙，很容易吸引观赏者的眼球，从而使其关注产品。

刺激物的变化。相对静止的背景上出现的运动事物容易引起人的无意注意，如黑板前飞过一只小飞虫会引起学生的注意；一个平时穿衣朴实无华的同事突然有一天盛装打扮，容易引起其他同事的注意；闪烁的霓虹灯、实时变化的大屏幕都会成为人们注意的对象。此外，有经验的老师在讲课时会在讲台上甚至教室中走来走去，其目的也是希望通过老师的位置移动吸引学生的注意。

刺激物的对比。与周围环境产生强烈对比的刺激物容易引起人们的无意注意。俗语所谓“鹤立鸡群”“平地惊雷”“万绿丛中一点红”，以及《口技》中先是听众们“满座寂然，无敢哗者”才能听到“深巷中犬吠，便有妇人惊觉欠伸”，这些都是由于强烈的对比才使刺激物优先引起人们的注意。回想明星出行时不同常人的全副武装以及前后簇拥的随行人员，这与常人出行轻装简行的作风大不相同，这种强烈的对比更容易引人注意。

此外，人的主观状态也影响着无意注意，具体的因素有两个，第一个是人的需要和兴趣。能够满足人的需要、引起人的兴趣的客观事物容易引起无意注意，一个饥饿的人面对琳琅满目的货架，更容易注意到可以吃的食物；一个母亲在逛街购物时，儿童食品、服装更容易吸引她的注意；在收看天气预报节目时，自己或家人所在地的天气信息更容易被关注到。这些都说明了人的需要和兴趣对注意效果的影响。

第二个因素是人的情绪和精神状态。心情愉悦、精神饱满的人会对平时不太注意的事物也产生注意，而情绪低落、精神萎靡的人会对许多事物视而不见、听而不闻；此外，人的知识经验也会影响注意内容。金融行业的从业人员对于国家的经济政策会格外注意，心理咨询师会对人的情绪、动作等有更多关注。

与无意注意相反，有意注意是一种有预定目的、必要时需要做出意志努力的注意，它也被称作随意注意。在学习、工作的过程中，由于认识到学习的重要性，即便学习中遇到困难或受到干扰，人们依然会通过自己的意志力努力克服，这就是一种有意注意。

知识加油站——儿童多动症是不是因为太调皮？

上课根本坐不住，听课注意力集中不过几分钟，下课满教室乱跑，课外活动揪女生头发，拿书包砸前排的小朋友，无论老师怎么劝阻、批评都无济于事……看到这些，你一定会认为，这是一个调皮捣蛋分子。但实际上，这很可能是“多动症”的表现。

多动症是“注意缺陷多动障碍”（Attention Deficit Hyperactivity Disorder）的俗称，主要指智力正常或接近正常的儿童，以注意缺陷、多动为主要表现，同时伴随知觉障碍和认知障碍、中枢神经失调的一种综合征。

多动症是儿童期常见的一种精神行为障碍性疾病。不是孩子想多动，是因为他们大脑中的某种化学递质发生了改变，才会出现这些表现。虽然多动症的发病机理尚不明白，但研究发现，多动症并非单纯的心理疾病，而是和大脑额叶功能低下有关。如果说大脑是人体的“司令部”的话，额叶则是“司令部”里的“总司令”。多动症儿童往往由于大脑前额叶功能发育相对滞后，不能控制自己。

患有多动症的孩子，一般在婴儿时期就特别会哭闹，稍大一些后就不听大人指令，吃饭要追着喂；进入学龄期的正常孩子一般可保持专注 15 分钟，而多动症孩子 3 分钟都坚持不了；情绪不稳定，容易波动，常常因为一点小事而大发脾气；控制调节情感的能力较弱，一有挫折，就垂头丧气闷闷不乐，稍有称心的事就忘乎所以。多动症儿童的情绪在许多方面仍像幼儿，经常有转喜为怒或破涕为笑的现象。他们既经不起批评，也受不起表扬。

另外，多动症儿童爱好玩游戏，不善于支配时间，不能自觉完成作业。他们喜欢与比自己年龄小的伙伴一起玩，不喜欢静坐做需要动脑的作业，也不愿意认真端正地写字；他们往往更喜欢玩形象生动的玩具，或变化多样的游戏机；考试成绩不好，不以为然，既不着急，也不害羞。

女孩多动症的表现不如男孩明显，她们的表现更隐秘、更缓慢。这类孩子平时并不多动，多是注意力不集中，常常发呆或发愣；自我调节能力差，不管安排什么任务都难以完成。许多人认为女孩子文静是正常的，其实她们的多动症发病率远比想象中要高。

6~12 岁是治疗多动症的黄金时间，要是错过最佳时机，有 30% ~ 40% 孩子的症状会延续到成人。治疗多动症，除了及时来医院检查外，还要趁学龄前矫正孩子的行为表现，比如可以训练孩子的注意力，让孩子懂得规则，做完一件事后才能做另一件事。另外，还要培养孩子的时间概念，规定孩子的吃饭时间，不能边玩边吃，饭点一过就把饭菜收掉。学龄期儿童一旦被确诊为多动症，还需要服药治疗。当然，药物作用是一个缓慢的渐进过程，家长要理性对待孩子用药，不能指望一用上药就即刻见效，也不要为药物副作用过度担忧。医生会根据儿童的年龄、病种、病情和个体情况，选择适合儿童服用的剂型，慎重处方。

有意注意受人的意识支配、调节和控制，充分地体现了人的能动作用。但由于有意注意需要一定的意志努力，消耗的精力较多，容易使人产生疲劳，从而引起注意分散。一般而言，随着年龄的增加，人的有意注意力水平不断提高，到成年达到高峰。婴儿几乎没有完备的有意注意能力，任何轻微的风吹草动都会使他们转移目光，小学儿童注意力水平稍好，但每节课大约只有 15 分钟的注意力集中时间，成年人的有意注意能力最好，注意力可以集中半小时左右。当然，优秀的注意力能力还包括自知走神时重新将注意力转移回来。

有意后注意是事先有预定的目的，但无须付出意志努力的注意，也称为继有意注意。例如人们在骑自行车时可以关注路边的景物，可以与同行的人讲话，并不需要关注骑自行车这一动作，那是因为骑车的动作已经非常熟练，完全可以进入有意后注意的范畴。同样道理，一些女性在织毛衣时可以看电视、谈话，但丝毫不影响她的手指在毛线中上下翻飞，这都是有意后注意的结果。

有意后注意是一种更高级的注意形态，它是注意内容自动化之后的产物，它具备了无意注意和有意注意的优点。有意后注意的引起以有意注意为先导，因此具有预先的目的性，同时不需要意志努力，因而不会产生个体疲劳。正因为如此，它在人们从事长时间持续的活动任务时十分有效，也是人们从事创造性活动的必要条件。

注意品质

注意的品质可以反映一个人注意的发展水平。注意的品质包括注意的广度、注意的稳定性、注意的分配和注意的转移四个方面。

注意的广度也叫注意的范围，指的是一个人在同一时间内能清楚地察觉到的对象的数量。实验表明，在注视点来不及转移的很短时间内（1/10秒），成年人一般能同时把握4～6个没有联系的符号或8～9个排列不规则的黑色圆点。注意的广度可以说成是知觉的广度，一个人知觉的对象越多，注意的广度就越大；反之，知觉的对象越少，注意的广度就越小。注意的广度可能会影响人们工作的效率，尤其是诸如裁判员、驾驶员等需要较大注意范围的工作的效率。飞行员在驾驶飞机时，面对各种仪表、开关和按钮，注意的广度一定要大，忽略任何一个步骤都难以实现平稳安全的飞行。

师说心语——飞行员凭什么拿高薪？

驾驶银鹰蓝天上飞翔是很多人，尤其是很多男孩子的梦想。要想成为一名优秀的飞行员，不仅要有完备的飞行知识，还要具备优秀的心理素质。其中高水平的注意力品质就是其中之一。飞行员在飞行中需依次完成许多任务，如经常观察座舱外的各种目标，阅读座舱内各种仪表的显示，判断飞机的状态，及时操纵飞机，还要同地面指挥员、机组成员及其他飞机上的驾驶员保持无线电联系等。因此，他必须善于合理分配注意力，注意范围要广，要根据不同飞行阶段和飞行科目的要求有计划、按顺序、及时、迅速地把注意力从一种对象转移到另一种对象上，当需要加强注意某一事物时，又能集中注意力。否则就不能准确及时地反映客观事物，造成顾此失彼，操纵错误。可见，良好的注意广度和注意分配，注意迅速转移，适当的注意强度等是飞行职业必需的重要品质。请看视频“飞行员凭什么拿高薪”。

人的注意广度并不是固定不变的，而是随主客体特点的不同而变化。也就是说，不同的人对同一事物的注意广度是不一样的，而同一个人面对不同的事物时注意广度也会有所不同。影响个体注意广度的因素主要有以下四个方面：(1）对象的特点。一般来说，知觉的对象越集中，排列的越有规律，注意的广度就越大；(2）个体的经验。知识经验丰富的人善于把所感知的对象组成一个有机的整体来感知，从而扩大了注意的广度；(3）活动任务的特点。通常活动任务越多，越复杂，个体的注意广度越小；(4）个体的情绪状态。这里主要说的是情绪的紧张性，人在紧张注意的情况下，会沉浸在注意的对象中，而注意不到周围的其他事情，因此注意广度减小。高度的责任心和浓厚的兴趣爱好都能引起一个人高度紧张的注意，而厌倦、疲惫则会使注意的紧张性大打折扣。“心无旁骛”和“心猿意马”就是由于个体不同的情绪状态产生的不同注意广度。

注意的稳定性又称作注意的持久性，是指注意在某一对象上所保持的时间长短。例如学生在上课的45分钟内使自己的注意力保持在与教学有关的对象上。注意的稳定性是注意的时间特征。

注意稳定性是指注意保持在同一对象上的时间。通常人对同一事物的注意很难在长时间内保持固定不变，而是周期性地加强或减弱，这种注意稳定性的变化现象称作“注意的起伏”。注意起伏的周期包括一个正时相和一个负时相，正时相时感受性提高，感觉到有刺激或刺激增强；负时相时则感受性降低，感觉不到刺激或刺激减弱。普通成年人一次正常的起伏周期平均为6~8秒。一般情况下注意的起伏不会给我们的日常生活带来明显的影响，但在要求对刺激做出敏捷而精确的反应时，一定要将注意的起伏因素考虑在内，例如田径比赛中，预备信号和起跑信号之间的时间间隔要控制在2~3秒之间，就是考虑了注意起伏的因素。

生活中我们会说某个人可以“一心二用”或“一心多用”，实际上说的是注意的分配。心理学上将注意的分配定义为在进行两种或两种以上活动时注意同时指向不同的对象。例如驾驶员在驾驶汽车时，不仅要关注路面交通情况，同时要操作方向盘，还要控制刹车、油门和离合器。弹钢琴时，眼睛要同时看两行乐谱，两只手也要敲击不同的琴键，才能合奏出优美的旋律。注意的分配是有条件的，一般情况下人很难同时完成两项需要注意力高度集中的任务。能否实现注意的分配，主要取决于个体对任务的熟悉程度。如果同时进行的多种活动中只有一种是不熟悉的，其他活动都已经驾轻就熟可以“自动”或“半自动”完成，此时注意就可以很好地分配到这几项活动中。

最后要说的是注意的转移。注意的转移是指根据新任务的要求，主动把注意从一个对象转移到另一个对象上。注意的转移要求新的活动符合引起注意的条件，同时注意的转移与之前注意的强度有关。之前的注意越集中，接下来的注意转移就越难。

这里要将注意的转移和注意的分散区分开来。注意的分散也就是我们平常说到的“分心”。注意的转移带有主动性，是根据任务的需要，有目的、主动地把注意转向新的对象；而注意的分散是消极被动的，个体由于某种刺激物的干扰或单调刺激的长期作用导致注意离开需要注意的对象。

在学习和工作生活中，善于主动、迅速地转移注意十分重要，这一重要性在那些要求短期内对新刺激做出快速反应的工作显得更为突出。一名优秀的飞行员在起飞和降落的 5 ~6 分钟内，注意的转移超过 200 次。一旦注意的转移不及时，造成的后果是难以设想和承担的。

注意的测量

如何对注意进行测量？眼动研究是当代心理学研究注意常用的范式。心理学家最早用肉眼或借助简单仪器对眼球运动进行观察，随着科技的进步，人们开始使用专门的眼动记录仪来记录和分析人的眼动。特别是微电子技术、摄像技术、红外技术的发展及计算机技术的运用，推动了新型高精度眼动仪的研制。

眼动研究最早应用于基础性研究，例如特殊人群的阅读问题。通过眼动过程了解该人群注意的状态及其方向，可以为揭示信息加工的内部机制提供独特而有效的路径。而时至今日，眼动研究的应用范围扩大到教育心理学、心理语言学、阅读心理学、广告心理学、驾驶心理学、交通心理学、航天心理学、体育心理学等诸多领域。眼动信息可以在细微方面反映信息提取和选择方面的过程与规律，可以探测被试对信息的选择取向。例如，研究成果可以用来表明不同版式的书籍设计，包括图文排版、行长、分栏等多种要素的不同取值是否会导致读者视觉轨迹的不同，是否影响阅读的速度和效率；产品平面广告中，代言人和产品的相对位置、动作神态等是否确保消费者精准捕捉到商家期望的内容；专家和新手对同一对象的注视次数、注视时间、注视位置、注视轨迹等不同，是否可以借鉴用以培养新手有效注视模式，提高工作效率。

师说心语——眼球经济真的吸引到眼球了吗？

“眼球经济”“流量至上”成了近几年来的热词，也被商家、短视频制作者等奉为圭臬。似乎只要能吸引到人们的目光和注意力，就一定掌握了制胜的密码。实际情况真的是这样吗？有可能你吸引到了眼球，却没有吸引到注意力，最终落得竹篮打水一场空。请关注眼动研究为大家揭示注意力的奥秘，请观看视频“眼球经济真的吸引到眼球了吗”。

眼动技术可以有效推测个体的内在认知过程，却不能直接揭示信息加工的生理机制，要想反映内在的变化，还需要将眼动记录技术与脑电、脑成像技术结合，探讨认知加工过程。目前，已有可以将眼动技术和脑成像技术结合起来进行研究的眼动仪。这种结合带来了方法学上的突破，为深入探讨认知加工过程的本质提出了一个全新的研究思路。

注意的研究除了眼动范式，还有其他的方法。20 世纪 80 年代，经典 Stroop 任务的变式——情绪 Stroop 任务（Emotional Stroop Task）开始应用于测量焦虑、抑郁等情绪障碍伴随的注意偏向。任务要求被试忽略目标词语意义，在呈现后尽快对词语颜色做出判断，如果被试对目标词颜色命名的反应时长于控制词的反应时，则产生 Stroop 效应。在该研究范式中，Stroop 效应表示了个体对特定刺激存在较低的反应阈限（即更敏感），产生了语义激活，并出现选择性注意偏向。

此外，探针法（Dot Probe），也称点探测任务，也被应用于情绪障碍的注意偏向研究。在任务中，计算机每次向被试呈现一对词语，包括一个中性词（即控制词）和一个目标词，随后探针随机出现在其中一个词语的位置。要求被试在探针出现后尽快判断其位置（如在上还是在下，在左还是在右）或性质（如探针是“E”还是“F”）。该方法基于的假设是：对探针位置或性质作出判断的反应时随被试对其出现区域的注意而减少（注意越多反应越快），即探针出现在被试先前注意的区域时，反应时较短；反之，反应时较长。

知识加油站——胖负面身体自我者的注意偏向

负面身体自我（Negative Physical Self，NPS）是指对身体的消极认知、消极情感体验和相应的行为调控。青少年负面身体自我分为 4 个分维度，分别为：胖、瘦、容貌、矮。胖负面身体自我通俗来说就是认为自己比较胖，并且对这一特征有消极的评价和体验。

胖负面身体自我会影响个体对身体相关信息的注意偏向。采用点探测任务开展实验，每次实验开始时，屏幕正中会出现一个注视点“+”，呈现时间为 900ms，注视点“+”消失后呈现 250ms 空屏，随后以屏幕正中的注视点“+”为对称轴，出现两个词汇，呈现时间为 2000ms。之后词汇会消失，屏幕左右会随机呈现一个红色探测点 3000ms，此时被试将进行按键反应，判断探测点出现的位置。若在 3000ms 内被试未作反应，则探测点自动消失，进入下一次实验。正式实验阶段不给予反馈。每次呈现的两个词汇均由一个胖相关词和一个无关词组成。每对词汇组合固定，左右顺序随机。红色探测点随机出现在与胖相关词的同侧和异侧次数相同。结果发现，胖负面身体自我个体的同侧反应时显著小于异侧反应时，而对照组同侧反应时和异侧反应时差异不显著。说明胖负面身体自我个体对胖身体信息产生注意偏向，表现为注意维持时间更长，注意解脱变慢。自我图式理论认为，负面身体自我的个体存在负面身体自我图式，当个体的周围出现与体重或形体相关的信息时，会自动激活该图式，快速捕捉个体的注意。

本节思考题

1. 为什么说注意是心理状态而不是心理过程，它们的区别主要体现在哪里？

2. 请结合生活实践谈一谈，如何培养高品质的注意力水平。

实践项目

注意资源的分配与个体的主观认知有密切联系。当一个人对自己的身体、形态、相貌等不满意，具有消极认知和负面情感时，心理学称之为具有“负面身体自我”。那么，具有这样认知特征的个体在分配注意力资源时，是否会受到影响而有所偏向呢？请查阅资料，设计实验，研究负面身体自我个体的注意力偏向。

阅读文献

第三篇

我的头脑如此与众不同

第一节　如何让过去“刻骨铭心”——记忆

课前思考

2014 年，让全国观众的关注点从“颜值”转移到“脑力”的节目《最强大脑》上来了一位“记忆大师”，他就是王峰。王峰在《最强大脑》终极比赛中代表中国队迎战德国队并取得了胜利，惊人的记忆力实在令人叹服！其实早在 2010 年广州举行的“世界脑力锦标赛”中王峰就已经展露锋芒。1 小时正确记忆 2280 个无规律数字，19.50 秒记住一副扑克牌的顺序。而在 2011 年的世界脑力锦标赛中，王峰更是以 5 分钟记忆 500 个数字，1 小时记 2660 个数字，听记 300 个英文数字的成绩，打破 3 项世界纪录！“世界记忆之父”托尼博赞惊叹：“王峰的纪录在今后几年恐怕都没有外国选手可以打破，王峰是比赛有史以来最优秀的一名选手。而他所在的‘中国记忆精英战队’是全球最顶尖的记忆团队。”王峰的记忆力为何如此超群？他有何记忆诀窍？下面就一起来解开记忆的奥秘。

记忆与记忆系统

记忆是过去经历的事物在头脑中的反映，是人们对过去的经历和当前的思维的串联，它与人们的学习、工作和生活紧密相关。人们在实践生活中感知过的事物、思考过的问题、产生过的情绪，并不会因为时间推移和地点更改而在头脑中消失，其中有一部分作为经验保存在了头脑中，在以后的一定条件下可以得以恢复。这种头脑中对过去经验的保存和恢复的过程就是记忆。记忆的对象十分宽泛，可以是曾经看到过、听到过、闻到过、触摸过的各种可以感知的事物，也可以是曾经分析过、思考过、推演过、计算过的事物，还可以是曾经产生的情绪和做过的动作，这些都可以称为“过去经历的事物”。记忆的过程有三个环节，分别是识记、保持、回忆和再认。信息加工理论的研究学者认为，记忆的过程就是编码（Encoding）、存储（Storage）和提取（Retrieval）输入信息的行为。和所有的类比一样，计算机模型也有它的局限性，计算机的信息加工大多是顺序进行的，即使是在不同的任务间切换，依然是逐字逐句地进行信息加工。而人类的大脑却可以通过并行处理的方式，同时（有时是无意识地）加工多个任务。此外，计算机总是机械地存储和提取所有信息，而记忆则具有主观性。大脑会歪曲事实，创造出新东西，也能忘记曾经记住的东西，情绪会为记忆渲染上不同的色彩，因此，人们不可能对现实进行纯粹的、无任何主观判断的、刻印式的存储。

知识加油站——目击证人的虚假记忆

目击证人的辨认在司法判决中具有重要意义。但是人们发现，目击证人的证词未必是可靠的。根据有关统计，每年美国有75000人因被目击者指认而作为嫌疑犯被送上法庭。由于目击者证词的错误造成的错判，比其他各种原因造成错判的数量总和还多。近些年DNA鉴定技术的应用进一步证明，许多被目击者认定的嫌疑犯实际是无辜的。例如，美国司法机关有关的一个报道中说，28个通过DNA技术鉴定后从长期监禁中被无罪释放者中，24人是因被目击者错认而被定罪的。一名因强奸罪被判处终身监禁的男子，在做完DNA测试后重获清白。尽管确凿无疑的DNA证据已经充分证明疑犯另有他人，但是那名受害者依然信誓旦旦地说那名无辜男子就是当日令她终身受辱的人。她的错误记忆经过多年一次又一次地重复加深，已经坚固得如铜墙铁壁一样坚不可摧。这些都说明，不能保证目击者所报告的犯罪过程都是准确无误的。

为什么目击证人的证言会出现偏差？错误记忆（False Memory），也称虚假记忆，是指对过去经验和事件的记忆与事实偏离的心理现象。也就是说，当一个人错误地认为一个事件他以前见过，但事实上他并没有见过的时候，错误记忆就发生了。

DRM 范式是一种被研究者普遍采用的错误记忆研究范式。在实验中，向被试呈现由若干个单词组成的词表（如匕首、改锥、钳子、菜刀、棍子等），词表中的所有项目均与某个最高关联词（后来被称为关键诱饵）有关（例如工具），但高关联词在学习阶段并不呈现。在学习阶段之后，让被试进行即时回忆测验和再认测验。结果发现，被试有 40% 的概率错误地报告了这些高关联词，它们被报告的概率甚至超过了一半呈现过的单词，并伴随着较高程度的自信。在 DRM 范式中存在的一个基本观点是：人类的记忆是有关联的，也就是说，如果两个事件有语义相关，那么加工一个事件的同时就会激活另一个事件。也就是说，DRM 范式中的一个重要因素即为关联性，它是能够成功引发出错误记忆的关键变量。

目击证人的证词在何种因素的影响下可能发生记忆歪曲？研究发现，出庭作证距事件发生的时间过长、随后发生了一些暗示性事件、目击者对该事件进行了反复地回想、辨认时向目击证人呈现照片的方式（同时或继时）、向目击证人提问的方式、目击证人的辨认信心等都会对记忆产生影响。

记忆在人们的生活中发挥着十分重要的作用，如果没有记忆，很多旧经验就无法对当前的心理产生影响。离开了记忆，人类将永远处于新生儿状态，人类文明也不可以代代相传。丧失了记忆，人将无法正常生活。

师说心语——人们是如何形成记忆的？

记忆是否会准确无误地记录我们的过去？抑或如沙地上的脚印一般，

会随着时间的流逝而模糊淡忘或者发生改变？事实上，人们的记忆在大多数情况下都是相当准确的，但有时也会具有一定可塑性，因为暗示而发生改变。记忆是如何形成的，它的作用机理是怎样的呢？请看视频“人们是如何形成记忆的”。

依据信息在人脑中储存时间的长短，记忆可以分为瞬时记忆、短时记忆和长时记忆。瞬时记忆也可称作感觉记忆，指的是当感觉刺激停止后头脑中仍然能够保持瞬间映像的记忆。瞬时记忆十分短暂，一般保存时间只有几秒钟。视觉的瞬时记忆在一秒以下，听觉稍长，为4~5秒以下。瞬时记忆的信息保存形象生动，信息量大，但时间短暂，瞬时记忆中的对象受到注意可以转入短时记忆。

短时记忆是信息保存时间在一分钟内的记忆，它还有一个别称，叫作电话号码式记忆。如果要记住一个陌生人的手机号码，在对方刚刚报出一串数字后人们可以很快重复背诵出来，在没有其他记录方式的情况下，过几分钟后就会把这串数字忘掉。这串电话号码就是被储存在短时记忆中。短时记忆在工作、学习和生活中不可缺少，如翻译员的口译过程、查号台的服务、学生听课做笔记等都是短时记忆功能性的体现。短时记忆的容量有限，一般为5~9个单位或“组块”，组块的容量不同，短时记忆的绝对容量也不同，因此通过组块可以扩大记忆的信息量，如数字989121375973，虽然数字超过了9个，但我们可以将它分组为989－1213－75－973，从而减轻记忆的负担，扩大记忆容量。短时记忆经过复述、运用和进一步加工，可以转入长时记忆。

长时记忆是指信息在头脑中长时间保留的记忆，保存时间在1分钟以上，短至几小时、几天，长至几个月、几年，甚至终身。长时记忆的功能是备用性的，即长时记忆中储存的信息在不用时处于潜伏状态，只在需要时才被提取到短时记忆中。例如在数学运算中涉及圆的面积计算，便从长时记忆中将公式提取到短时记忆中，运算完成后又放回长时记忆中储存。因此，短时记忆是动态的，长时记忆是静态的，长时记忆通过提取到短时记忆而发挥作用。

与短时记忆相比，长时记忆的容量非常大，但至今尚不能给出一个明确的容量范围。有人认为一个人的长时记忆可以储存 10^{15} 比特信息，这相当于拥有 1000 多万册的美国国会图书馆藏书量的 50 倍。进入长时记忆的信息，一方面依靠对短时记忆的复述、应用和加工把新的信息纳入个体已有的知识体系中，另一方面某些信息过于特殊，由于印象深刻一次就形成了长时记忆。

瞬时记忆、短时记忆和长时记忆既有区别又相互联系；既可以看作是记忆的三个不同种类，也可以看作记忆系统在信息加工过程中相互联系的三个阶段，具体内容如图 3. 1 所示。

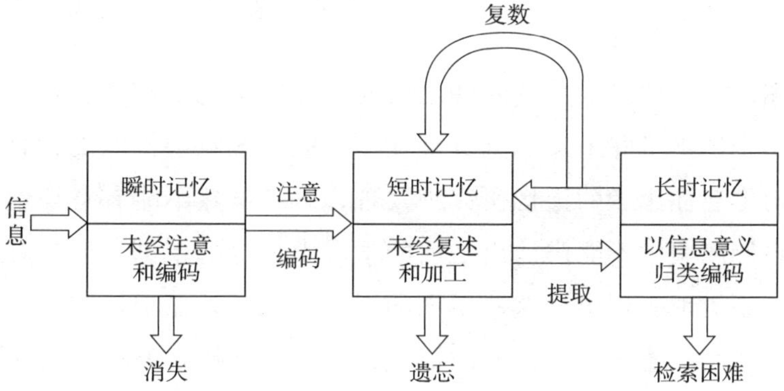

图 3. 1　记忆的三级加工系统模型

根据记忆的内容维度，记忆又可划分为动作记忆、形象记忆、语词记忆和情绪记忆。动作记忆又称为运动记忆，记忆的内容是过去的动作或内容，如计算机操作、骑自行车、体操和舞蹈动作等的完成都依靠动作记忆；形象记忆是以过去感知的事物的形象为内容的记忆；语词记忆的内容是概念及其文字、数字符号，与形象记忆不同，语词记忆主要记忆的是反映事物的内涵、性质、意义等的单词、定义、公式、定理等，它在人的各种记忆中起主导作用，对学生来说尤其如此；情绪记忆的内容是体验过的情感和情绪。情绪记忆不仅在文艺创作和表演艺术中发挥重要作用，而且也是一个人情感发展过程中不可缺少的情绪体验积累的心理机制。

停下来，考一考

请判断下列诗词或谚语中所描述的是哪种类型的记忆？

1. 一朝被蛇咬，十年怕井绳。

2. 去年今日此门中，人面桃花相映红。人面不知何处去，桃花依旧笑春风。

3. 十里一走马，五里一扬鞭。都护军书至，匈奴围酒泉。

4. 日出江花红胜火，春来江水绿如蓝。

答案：1. 形象记忆，情绪记忆；2. 形象记忆，情景记忆；3. 动作记忆；4. 形象记忆。

根据记忆的意识维度可以将记忆划分为内隐记忆和外显记忆。内隐记忆是指个体本身并未意识到其存在、又能在无意中提取的记忆。心理学家在对健忘症患者的记忆研究中发现，患者虽然不能有意识地保持内容，在再测测验中不能辨认出之前的学习中见过的单词，但在补笔测验中却不知不觉地表现出对这些单词的保持效果。外显记忆则与内隐记忆相对，指的是有意识提取信息的记忆，我们通常提到的记忆大多属于外显记忆。

知识加油站——内隐记忆是如何被发现的？

1968 年，英国的心理学者 Weiskrantz 和 Warrington 以健忘症患者为被试，探讨在启动效应下健忘症患者与健康被试的差异，研究发现：健忘症患者的再认测验成绩比较差，无法指认出之前学习的内容，但是在词干补笔的测验中再认成绩与健康被试的成绩一样。比如：给被试一些之前学习过的词语字母，要求进行词语的补全。与正常被试一样，患有健忘症的被试也倾向于用先前学习过的词语进行补全，而不是新学习过的词语。但是健忘症患者在其他实验，比如自由回忆或者再认测验中的表现远不如词干补笔的成绩。这一现象表现出了明显的启动效应，在后来的很多研究和实验中也证实了这一现象的存在。这种特殊的现象激发了人们对无意识记忆的研究，使记忆的研究方法提升了一个新的高度。1985 年，Graf 和 Schacter 在综合前人研究的基础上第一次表述了内隐记忆，指在无意识的情形下，先前的经验对人们当前行为的影响。

在国内，最早对内隐记忆进行探究是在 20 世纪 80、90 年代，杨治良、朱滢等心理学者首先展开了对内隐记忆方法、特点的研究。1991 年，杨治良采用学习无意义字母串对内隐记忆进行研究。实验材料是由六个字母组成的九位无意义字母串，信号是在第 4、5、6 位上设置含有“SCT”三个字母的字母组合，噪声是不带有“SCT”的字母组合。运用信号检测论的理论依据来提升被试对“SCT”这三个字母的辨认能力，由此测试被试的启动效应。研究表明，带有“SCT”字母组的材料启动效果明显，各个组之间的差异显著。被试并不一定觉察到自己所学习的单词，但是在无意识中表现了出来，说明内隐记忆普遍存在于学习过程中。

遗忘规律

遗忘是指对识记过的信息不能再现或再认，或错误的再现或再认。在记忆系统的信息心理加工的过程中可以看出，遗忘穿插在记忆系统的各个环节。对于学生而言，由于要应付考试，很多人会认为遗忘是个坏事情，如果能记住更多内容，减少遗忘，甚至不遗忘该有多好。但是实际上，遗忘在人的思维中占有十分重要的位置，它对于人保持健康的心理状态是必不可少的。

遗忘对于大脑的作用就好比清扫房间。一个房间一周不打扫暂且可以居住，一年不打扫就没法进入了。大脑也一样，如果一个人只能记忆而不能遗忘，那么用不了多久沉重的记忆负担就会压得他喘不过气来，进而产生生理和心理的问题。因此，遗忘可以将一些不重要的、意义不大的、具有消极意义的事件“清扫”出记忆范围，减轻大脑的负担，降低脑细胞的消耗。例如，当人们遭遇了巨大的不幸时，如在童年时双亲亡故，大脑就会自动启动保护措施，让人产生针对性遗忘。这实际上也是大脑进行的一种自我保护，从这个意义上说，遗忘是不可避免也无须避免的。

生活中的心理学——“超忆症”一定是好事吗？

在风靡全球的动漫《哆啦A梦》中，有一集名叫“记忆面包”。故事中大雄因为担心考试而急得焦头烂额，于是向哆啦A梦求助，想要借一种能应付考试的工具。刚开始哆啦A梦拿出了能吹走学校的电风扇和能让老师变成怪兽的动物灯来终止考试，可是大雄不敢去做，无奈之下哆啦A梦拿出了记忆面包。只要把面包贴在书本上，印上内容，然后吃下，便可以完全记得内容。当然，故事的结局，大雄因吃了太多面包而吃坏了肚子，结果把记住的又排了出来，最终也没能赢得考试。但是，记忆面包的神奇功效却让很多小观众神往不已。实际上，在人类生活中真的存在“超忆症”的人，他们似乎是吃“记忆面包”长大的——能够事无巨细地记下他们经历过的所有事情，甚至包括事情当中一些无关紧要的细节。对于他们来说，遗忘反倒成了一件难能可贵的事情。

心理学家Alexander Luria1968年记载了一位超忆症患者的情况。他们做了一个简单的实验，让被试回忆一列单词或数字。在同样的测验中，其他人一般最多能记住5~9个数字，但超忆症患者不仅能记住70个，而且还能够准确无误地倒背这些数字。他甚至还能在没有任何提示或练习的情况下，准确无误地报告出15年前仅学习过一次的数字。他还能讲出他15年前记忆这些数字时，当时穿的什么衣服，以及坐在哪个位置上。他还有一个类似的绝活，在不经意间听到别人只说过一遍的话，就能对其进行准确无误的复述。

很多人对于这种超凡的记忆能力感到吃惊，但患者本人却认为，这其实是一个沉重的负担。他总是频繁跳槽，因为经常会被每天自动记住的大量工作细节压得喘不过气来。这种视觉表象的创造倾向已经干扰了他正常的信息加工过程。所以，对他来说，要理解一本书的整体内容是一件困难的事情；从一个旁观者的角度来看，他似乎是一个思维紊乱，甚至有些笨拙的人；他在与人交谈时经常喋喋不休，把自己脑海中所有的东西都事无巨细地讲出来，从而脱离了原本的话题。具有讽刺意义的是他发现人脸很难记，因为它总是变化无常。

超忆症患者是怎么完成记忆任务呢？研究发现，他们会自动将需要记忆的内容表征为一种具有个人意义的视觉表象，这种表象可以保持很久。再次回忆时，就会像放电影一样，从记忆中重现出来。研究发现，记忆以两种方式进行储存，一种是文字代码，如单词、语句；另外一种是表象代码，如图片、场景。表象代码具有高度精细化和高度特异性的特征，能够产生比文字代码更好的记忆效果，这是因为作为表象的记忆进行存储时，不仅以表象作为代码，而且还以文字作为代码，因此可以采取两种方式提取信息。

德国心理学家艾宾浩斯（Hermann Ebbinghaus）运用无意义音节来考察遗忘的规律，根据实验结果绘制出“艾宾浩斯遗忘曲线”（见图 3.2）。该曲线表明，遗忘进程是不均衡的，在识记后的 24 小时内遗忘速度较快，而经过一段时间后，遗忘会渐渐放缓。也就是说，遗忘的进程是先快后慢。

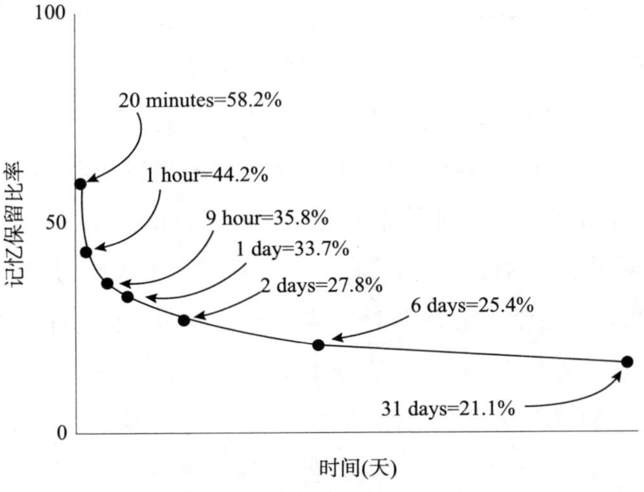

图 3.2　艾宾浩斯遗忘曲线

遗忘的进程受许多因素的制约，如识记内容的性质、数量，识记的方法以及识记的程度等。研究表明，在人的生活中不占主要地位的、不能引起人的兴趣的、不能满足人的需要的事物容易被遗忘；事物的细节容易被遗忘；而令人感兴趣、符合人的需要又具有情绪作用的内容则不容易被遗忘；比较复杂的内容，开头和结尾不容易忘，而中间部分则容易被遗忘。

人对于开头和结尾部分的记忆不容易被遗忘的现象称为记忆的位置序列效应（Serial Position Effect）。有研究者用首因效应（Primacy Effect）和近因效应（Recency Effect）来解释序列位置效应产生的原因。

首因效应在心理学和社会学中，指的是开头刺激或信息的记忆过于引人注目的一种认知偏差。例如一个人读一份相当长的人员名单，读完后可能只记得开头部分的人员姓名，这种现象被解释为由于短期记忆在一个事件序列的开头时远没有在中段和末端时那么“繁忙”，相对来说在开头就有更多的时间给短时记忆去处理信息，使其转换进入长时记忆，从而足以保存更长时间。与首位效应相对，近因效应指末端刺激或信息记忆过于引人注目的认知偏差。例如，一位司机在高速公路上行驶时看到了同样数量的红色汽车和蓝色汽车，但如果在下高速时他看到的是一辆红色的汽车，那么他会认为这趟旅行中他见到了大量的红色汽车。在一些文艺比赛中，选手都希望比较靠后出场，就是由于记忆的近因效应会使观众更容易记住后面出场的歌手，从而在投票中获得更高的支持率。

关于遗忘的原因众说纷纭，其中“干扰说”的观点已经得到心理学实验的支持。研究表明，性质和时间上相互接近的知识和经验，既可以相互促进，也可以相互干扰。前摄抑制（Forward - acting Interference）是指先学习的材料对后学习的材料的回忆有干扰作用，后摄抑制（Backward - acting Interference）是指后学习的材料对先学习的材料的回忆有干扰作用。例如一个人先学习了文章 A，后学习文章 B，那么这个人在回忆文章 B 时受到文章 A 的干扰而降低文章 B 的回忆效果，这就是前摄抑制；而当这个人回忆文章 A 时，受文章 B 的干扰而降低文章 A 的回忆效果，这就是后摄抑制。

前摄抑制和后摄抑制有很多制约条件，包括前后学习材料的性质、难度、学习时间的安排和学习巩固程度等。前后两种学习材料在相似性中等时的抑制作用最明显，而相似性大或相似性小时抑制作用不明显；如果前后学习材料中有一个难度较大，那么抑制作用也会变大；前后两种学习时间间隔越短，抑制作用越大；而学习巩固程度越高，越能够抵制干扰，抑制作用越不明显。

从前摄抑制和后摄抑制的概念出发，也可以解释序列位置效应产生的原因。在学习一种材料中，由于开头部分只受后摄抑制影响，结尾部分只受前摄抑制的影响，而中间部分会受到两种抑制作用的共同影响，双重的干扰影响了记忆的效果。因此睡前一小时和醒来后一小时是信息进入记忆的一个好时段。但如果考虑在睡梦中进行学习，那效果就微乎其微了。如果你在睡着后，在房间里大声播放信息，尽管耳朵可以对这些信息进行感觉登记，但几乎没有记忆保留下来。

除了干扰说，“抑制说”也常被用来解释遗忘。精神分析学派认为，人们的记忆系统并非对信息毫无选择地接纳，相反，会对信息进行自我审查。为了保护人们的自我概念免受损害并减少焦虑，人们有时会选择性忘记那些让人太痛苦或太忧虑的事情。这并非有意识的信息处理，而是无意识地将它压抑到我们的潜意识当中，让人无法意识到其存在。这种情况常见于个人情绪性创伤的后果，往往发生在那些遭受强奸或身体虐待的受害者身上，或是战争中的退伍军人，地震、飞机事故中或其他可怕事件中的幸存者，情绪性创伤可能会折磨这些人很多年，直到他们忘记了这些创伤的细节。当然，也有研究者提出了相反的观点，他们认为对创伤经历的最常见反应并不是把它驱逐到意识之外，相反，这样的经历是铭刻在心的，并会成为栩栩如生、挥之不去的永恒记忆。

生活中的心理学——催眠能增强记忆吗？

在心理学中，催眠是一个很有争议的现象。催眠指催眠师向被试提供暗示，以唤醒他的某些特殊经历和特定行为。在催眠状态下，一个人可能经历感知、思维、记忆和行为上的一些改变，包括暂时的麻痹、幻觉等。

在催眠的一系列研究中，最让人感兴趣的是催眠能增强记忆的实验。一些研究者认为催眠可以帮助人们记忆起早已忘记的往事和被压抑在意识最深处的经历，并能以最琐碎的方式叙述它们。心理学家把这种现象叫作催眠记忆增强。但后来的研究证实，催眠记忆增强中所说的记忆是指对已经学习过的信息的回忆。这与催眠是否能够帮助人们学习新信息这个问题是不同的，这是两个不相关的问题。另外一些研究者认为催眠记忆增强是由于人们试图重复记忆相同的材料的结果。此外，在催眠恢复记忆（即挖掘童年早期的记忆或已经遗忘了的记忆）的研究中，研究者已经发现，被催眠的人在试图回忆一些遗忘的往事时，可能受到催眠师错误暗示的影响，进而将这个错误暗示纳入记忆中，这样就出现记忆错误，把未曾发生的事情当成真实，并对这个催眠而来的记忆表现出过分自信。由此可见，由催眠或者药物影响下所"恢复"的记忆并不靠谱，如果把它当作指控的证据，可能会对司法公正造成影响。

本节思考题

1. 请简述工作记忆的结构、功能、工作原理。
2. 记忆的哪个部分容量最小，被视为记忆的系统的"瓶颈"？

实践项目

人们对自己人生中一些重大且与情绪相关的事件会产生格外清晰的记忆。你可能记得你收到大学录取通知书时的场景、一场悲剧性的事故、亲人的故去、曾经的重大胜利。这些记忆被称为闪光灯记忆。闪光灯记忆的最典型特点就是记忆的来源与情绪事件相关。那么问题来了，闪光灯记忆带有情绪这一属性是否会影响记忆的准确性呢？请查阅资料进行研究，并撰写报告对这一话题进行论述。

第二节　万物之灵的强大武器——思维

课前思考

福尔摩斯是柯南·道尔笔下的侦探人物，虽然从他诞生到现在已经超过一个世纪，但他智慧的故事和传奇的破案经历现在仍散发着耀眼的光芒，受到无数人的追捧。福尔摩斯擅长运用观察与演绎法推理，并结合司法科学来解决疑难案件。他能察觉到他人不会留意的细节，并从中推断出大量的信息，抽丝剥茧，条分缕析，最终破解案件谜团，他的司法科学及演绎法推理，在现代犯罪侦查中也有广泛的应用。毋庸置疑，福尔摩斯已经成了名侦探的代名词，聪明人的代名词，福尔摩斯已经成了一种象征智慧的符号。福尔摩斯也对后世的侦探作品产生深远影响，日本漫画家青山刚昌创作的侦探漫画《名侦探柯南》主人公的名字——江户川柯南，就是根据福尔摩斯的作者柯南·道尔和日本侦探小说家江户川乱步的名字组合而成。那么，福尔摩斯是如何根据看起来毫不相关的细节和痕迹，还原案发现场，找出真凶的呢？思维，这个人类最强大的武器，有哪些组成部分？善于思考的人都具有哪些能力？让我们带着这些问题开启学习。

思维的概念

在20世纪50、60年代，行为主义还是心理学的主导力量，但心理学家们已经意识到，如果仅仅研究行为，心理学就会成为没有心理的心理学；如果不涉及精神过程，那么心理学的研究领域是不完整的，就不可能理解或解释人类的行为。因此，认知心理学（Cognitive Psychology）应运而生。它通过研究无法直接观察到的精神的加工来寻求解释可观察的行为。认知心理学主要研究的是，在记忆、思维和认识中，信息是如何加工和处理的。

20世纪是计算机快速发展的年代。20世纪50年代，认知心理学家开始尝试用计算机作为类比，来帮助解释认知与大脑之间的关系。大脑被描述为计算机的硬件，而认知则被描述为它的软件；人类的感知系统提供了一个输入渠道，与数据录入计算机的方式相似；当输入信息进入头脑中后，思维就对它发生作用，正如计算机软件对数据进行处理；这种经转换的输入信号所产生的信息保留在记忆中，就像计算机储存它的工作数据一样；最后信息从记忆中提取出来，就像计算机将编辑好的文档打印或展示出来一样。

计算机在做某些事情时，可以比人类做得更好。计算机在进行复杂的数字计算时，能够比人类更加迅速并且准确；在应用及遵从规则方面也比人类更加一致，而且更少出错；在描述复杂的数学模式的时候，也比人类做得更好；而且可以无限期地持续一项任务，而不会像人类那样会疲劳或厌倦。2016年，谷歌公司旗下人工智能围棋程序AlphaGo战胜了世界顶级棋手李世石就证明了计算机拥有强大的信息搜索、计算、推理和学习能力。

但是，大脑的非凡能力无法完全由计算机模仿出来，计算机仅在一些非常特定的情况下才能超越人类取得成功。人类大脑在学习能够迁移运用的新规则、新关系、新概念、新模式方面，以及创新创造方面，具有计算机无法企及的能力。另外，人类大脑可以意识到自己，而计算机却不能。没有哪台计算机的计算能力能够接近人类思维的丰富程度。

知识加油站——人工智能与人类思维

在计算机科学中，人工智能（Artificiality Intelligence，AI）有时被称为机器智能，是由机器展示的智能，与人类和动物展示的自然智能形成对比。通俗地说，“人工智能”一词用来描述模仿人类与其他人类思维相关联的“认知”功能的机器。人工智能模仿人类智能，最核心的是对人类心智和认知能力的模仿，这是当前和今后人工智能重点发展方向。人类从进化中获得五种心智能力，由此形成五个层级的认知能力，从低到高分别是：神经认知、心理认知、语言认知、思维认知、文化认知。这五种认知能力中，人和动物共有的神经认知和心理认知被称为低阶认知，人所特有的语言认知、思维认知和文化认知称为高阶认知。与人类相比，人工智能在五个层级认知能力中的表现可见表 3.1。

表 3.1　基于人类心智和认知五层级的人工智能水平

心智和认知层级	人工智能水平				
	完全无能	低于人类	人类水平	超过人类	远超人类
文化层级	艺术、科学、哲学、宗教	格律诗词、书法、绘画			
思维层级	创造性思维、溯因、隐喻	归纳、类比、定理证明	演绎推理	推理和学习（如深蓝，AlphaGo）	
语言层级	语用加工、隐喻	语义加工、机器翻译	语法加工、机器翻译		
心理层级	直觉、顿悟、经验	情感、情绪、联想	传感器、无感	记忆	
神经层级	自我、无意识、梦境	高级神经活动	机械行为、机器人	精密行为、自动化生产线	大型设备控制、运输

注：摘自蔡曙山．《从思维认知看人工智能》，《求索》杂志，2021 年第一期。

思维（Thinking）是人类征服世界最强大的武器。思维是人对客观现实的间接和概括的反映，是认知的高级形式，它反映的是客观事物的本质属性和规律性的联系。人可以通过思维完成概括、判断、推理等复杂的心理过程。思维是在感知觉的基础上完成的。感知觉是人脑对客观现实的直接反映，而思维则在此基础上，对事物进行更深层次的加工，所以思维带有浓烈的个人色彩，分析个体的思维特点可以对个体有更深入的了解。

思维具有概括性、间接性和问题性三个基本特性。

思维的概括性是指抽取同类事物的共同特征，加以推广和应用，用以反映事物之间固有的、必然的联系。概括性一般表现在两个方面，其一是，思维可以抽取同类事物的共同特征并加以概括来反映事物。通过感知觉获得的表象探究事物的本质常常会出现偏差。比如，通过感知觉可以观察到不同种类鸟类的外形及其活动情况，但通过思维才能概括出这些鸟类的本质特征。会飞翔只是鸟类的表象，具有翅、喙、爪、卵生等特征才是鸟类的根本特征。因此，已经丧失基本飞行能力的鸡、鸭、企鹅等也属于鸟类，而蝙蝠虽然会飞却不是鸟类。这些都是人们透过表象，通过思维概括出本质特征并对事物加以分类的。这种将相似的物体、事件、想法和人在头脑中形成思维集合的方式叫作概括（Summarization），所形成的心理类别被称为概念（Concept），能够体现事物所具有特征的心理意象或最佳实例被称为原型（Prototype）。

更加贴近原型的事物容易被辨识。例如，对于“鸟”这个概念，黄鹂相比企鹅更容易被识别为“鸟”，是因为黄鹂与鸟的原型更加贴近。违背原型的现象常被人们忽略。例如，歧视原型的作用下，男性歧视女性很容易被觉察出来，而女性歧视男性，或者同性之间的相互歧视却不容易被人觉察。所以，概念可以加速和引导人们的思维，但并不总是引向正确的结论。

概括性的另一个方面是，思维能通过概括事物间的必然联系来反映事物。事物间必然性的联系即规律，思维可以透过事物的表面现象揭示其内在规律。例如，可以用 $2n+1$（$n=0$，1，2……）来表示所有的奇数；在接近除夕时我们总会看到猎户座腰带部分的三颗星星处在正南方，因此有了“三星正南，就要过年”的说法。这些都是人们通过思维概括事物规律性的联系，从而指导实践。

思维的间接性是指思维可以通过个体已有的知识和经验，以其他事物为媒介来反映事物，即人们在没有直接感知到事物的情况下可以通过思维，根据已有的信息推断出没有直接观察到的事物。例如考古学家并不能回到古代观察古人的生活习俗和礼教信仰，但可以根据出土的文物以及相关文字的记载推断和还原古代的社会风气和文化风貌。古诗“春江水暖鸭先知”“一叶落而知天下秋”都是通过“鸭下水”“树叶落”这些外在表象间接地推断季节的更替。

思维的另一个特性是问题性，问题是引起思维活动的重要条件。人们在认知活动中经常会遇到一些存在疑惑或难以解决的理论性或实践性的问题，并产生一种怀疑、困惑和探究的心理倾向，这种倾向推动了思维的进行。同时，思维还体现在解决问题的过程中，解决问题的各个环节都以思维活动为中心。福尔摩斯之所以能够识别种种假象破获案件，与他强大的问题解决能力是分不开的。

知识加油站——问题意识与“思维五步法”

问题是创新的起点，也是施教的出发点。人类经过寻答疑、解疑、辨疑、测疑、质疑诸环节，终至问题解决。这一过程在心理学中被描述为：由一定情境引起的，按照一定目标，应用各种认知活动、技能等，经过系列思维操作，使问题得以解决的过程。也即将已知情境转化为目标情境，将初始状态转化为目标状态的认知过程。可见，问题解决始于问题导向，问题导向旨在问题解决。

教育学家杜威将思维的步骤推广到教学法层面，认为有关问题解决的教学法要素和思维要素两者是相同的。他提出“思维五步法”助力问题解决。第一步，情境生惑。人处在不确定的情境中，会顿生各种怀疑。人们会在这种非确定情境中摸索问题可能的解决方法，寻求可能的解决疑难之道，于是思维活动便开始了。

第二步，问题生成。即问题的定位与定义，这是将第一阶段所感受到的各种困难与疑惑逻辑化的过程，就是将困惑化为待解决的难题。这种转化可以确定情境中的行动障碍，使行动更有方向性。

第三步，假设应对。生成问题后如何解决，提出一种假设来应对。假设一般被视为解释或解决问题的一个设想。所有的假设实质均是对问题原因的解释，是对为什么会发生这种问题的一种诠释，一种估计。提出假设预示了问题解决者要占有知识资料、从事必要的观察来对付这个问题。

第四步，推敲方法。如何研判哪种假设更有效，更利于解决问题，这就需要问题解决者从理智上认真且仔细地反复推敲。推敲和假设一样，其实质也是推理的过程。问题解决者将最初显得似乎并不相连接的两个极端连接成一个整体，当然它的前提是问题解决者头脑中有大量知识储备。

第五步，检验对错。经过推敲而得到的结论是否是问题的确定解决之道呢？这就需通过外显的或想象的行动来检验假设。检验实际蕴含了观察分析的思维程序，问题解决者运用进一步的观察和实验，审视与分析经思维形成的解释在实践中是否行得通，从而获得对结论的一种或肯定或否定的看法。

个体的思维品质主要包括思维的敏捷性、广阔性、深刻性、逻辑性、灵活性、独立性、批判逻辑性、创造性等，其中敏捷性、深刻性和创造性最为重要。

思维的敏捷性是指个体能够迅速而有效地解决问题的思维品质。培养思维的敏捷性首先要养成良好的注意习惯，保持注意力高度集中是解决问题的重要前提；其次要培养强调效率的竞争意识，正当的竞争可以激发思维的扩展；最后是说话和写字速度的培养，思维敏捷才可以做到反应快，语速快，从而反过来促进思维更加敏捷。

思维的深刻性来源于认真的思维活动，只有对所学知识认真地进行分析、综合、比较、抽象和概括才能获得更为深刻的认识。首先要提供感性材料，加强从感性到理性的抽象概括的训练；其次，在教学中指导积极迁移，推进旧知向新知转化的过程；再次，强化联系指导，促进从一般到个别的运用，做到“举一反三”；最后，对知识进行分类和整理，促进思维的系统化。

思维的创造性是指运用个人的思维才智创造出新颖独特且有价值的产品的能力。关于思维创造性的培养，首先要保护好已经产生的好奇心，不可将好奇心用世俗的条条框框约束，更不能扼杀好奇心；其次要注意个性的培养，很多人在学习和生活中会表现出特立独行、极少从众的个性，这种个性不能压抑，要通过正确的方式进行引导；最后要注意实践能力的培养，可以将已经学到的理论放到实践中去运用，同时可以在实践中发现新的问题，或提出新的解决办法。创造性的思维培养是需要社会、家庭、教育体制协同努力的一个大工程，也是眼下中国亟须培养的品质。

思维与大脑

思维是大脑的功能。科技发达的今天，人类已经能够上天下海，但对大脑的认识依然非常有限。人们将大脑戏称为“三磅的宇宙”，意思是它就如同宇宙一样，难以琢磨又令人神往。1955 年 4 月 18 日凌晨，理论物理学家爱因斯坦在美国普林斯顿大学医院去世。病理学家托马斯 · 哈维在对爱因斯坦进行尸检时，将他的大脑取出并带走。之后，他将其切成了 240 个小块，分别贮存起来。他希望揭开爱因斯坦大脑的奥秘——是什么原因让他如此聪明。遗憾的是，人们至今也未能找到答案。研究发现，爱因斯坦的脑容量与常人无异，重量并不大，只是有一种神经胶质细胞较多。而目前，人类对这种神经胶质细胞的功能了解得并不完全，仅仅知道它具有支持营养的功能。由此可见，探索大脑的奥秘可能在今后很长一段时间里都是人类研究的重要议题。

人脑大约有 860 亿个神经细胞，彼此之间由大量的突触连接成极为复杂的神经网络。突触是脑神经细胞之间特化的细胞连接，这是神经元进行互动的关键性结构。学习和记忆的过程就是产生大量突触连接的过程。脑突触的连接、强化、修剪、优化是人学习和记忆的生物基础。人脑中的突触密度随年龄的增长呈倒“U”形曲线，其中大脑皮层的突触密度在五六岁达到最高水平，之后会经历一个快速修剪和优化过程，大量事实性的陈述性记忆在短期内会被修剪和优化掉，而与情绪、动作相关的记忆则会被保存下来。

大脑的部分脑组织的功能分区已经得到确认。包裹在大脑整个表面，2～3 毫米的细胞层被称为大脑皮层，认知神经科学家将大脑皮层根据功能划分为额叶、枕叶、顶叶和颞叶。大脑皮层是神经细胞胞体集中的区域，许多中枢都集中在这里。人类中枢神经系统的结构不仅与躯体的各种感觉和运动有关，也与语言、思维等各种认知能力密切相关。根据大脑皮层的神经细胞形态与功能等特点，又可将皮层分为若干区，比如躯体感觉皮层、运动皮层（包括初级运动皮层、前运动皮层、辅助运动区）、视觉皮层、听觉皮层、嗅觉皮层、语言中枢等。举例来说，大部分人的语言中枢（主要指布洛卡区和韦尼克区）在左脑，且左脑的语言区比对应的右脑语言区稍微大一点。但这并不意味着语言是专属于左脑的功能。正常情况下，大脑是作为一个整体来工作的。在做任何一件事情的时候，人类大脑的神经网络都是在协同工作，也就是左半脑和右半脑所构成的功能网络在合作完成各种任务，没有任何一种能力是由某个半脑的某个位置完全决定的。在左右两个半脑之间，有一个部位叫胼胝体，负责左右半脑信息的传递。来自外界的信息可在左右两个半球之间进行交流（每秒 10 亿位元），人的每种活动都是两半球信息交换和综合的结果。那么，如果阻断两个半球“互通有无”将会怎样呢？

美国心理生物学家罗杰·斯佩里（Roger Sperry）在 1952 年至 1961 年间，先用猫、猴子、猩猩做了大量的割裂脑实验，取得了一些成绩，为以后做“裂脑人”的研究奠定了基础。从 1961 年开始，斯佩里把“裂脑人”作为研究大脑两半球各种机能的研究对象，对“裂脑人”进行了一系列的实验研究。所谓割裂脑实验就是将大脑左、右两个半球之间的胼胝体割断，外界信息传至大脑半球皮层的某一部分后，不能再将此信息通过横向胼胝体纤维传至对侧皮层相对应的部分，每个半球各自独立地进行活动，彼此不能知道对侧半球的活动情况。观察裂脑人的异常行为就可以知道左右两个半球各自的功能。

生活中的心理学——被误读的左右脑分工理论

1981 年，美国心理生物学家罗杰·斯佩里提出了左右脑分工理论，当时，他有一个结论：一般来说，左脑对数字文字的识别、认知、记忆要比右脑好一些，而右脑在图像图形处理上则要优于左脑一些，但这个说法被歪曲了。20 世纪 80 年代，一些科普人士在做民间教育的时候，提出了“左脑负责抽象思维，右脑负责形象思维”的说法并将其推广。这种说法后来传入了中国，又演变出了“左脑负责语言，右脑负责图形”的版本。

2000 年前后，在世界各地的教育工作会上，教育学家、心理学家、脑科学专家开始反对这种说法，认为这是一种谬误。在这之后，国内教育界也不再说“开发右脑”，取而代之的是开始推行“全脑教育”。

归根结底，人类的左右脑并非具有“独门绝技”，只是“各有优势”罢了，大多时候它们还懂得“协作共赢”。例如，在运动感觉方面，一直以来人们都认为左右脑是对侧支配的。就是说左脑支配右半身，右脑支配左半身，但是现代研究发现，当对侧大脑出现障碍时，同侧的脑半球会补偿对侧脑半球的缺失，对身体进行控制。所以说，左右脑从功能上讲是有重叠和互补的，这就决定了不能在正常情况下对左右脑进行独立测试。

裂脑人的研究发现，人脑的功能区域确实有一定的划分，并且左、右半脑的功能确实存在一定程度的不对称性。但是，我们在做任何一件事情的时候，脑网络都是在协同工作，也就是左半脑和右半脑所构成的功能网络在合作完成各种任务。虽然有几个具体功能特别集中在某个脑半球，但这并不能拿来解释所有的心理现象和人格特质。就连常被归入左脑的数学思考能力也是如此。研究发现，两个脑半球合作得越密切，数学问题解得越好。如果只激活单侧半球是没有办法解决艰难的逻辑问题的。

师说心语——“左撇子”该不该被纠正?

小美最近遇到了麻烦事。小美 3 岁的女儿天生是“左撇子”，吃饭、拿筷子、写字画画都是左手“先上阵”。可作为母亲的小美觉得“左撇子”

“看起来很笨”，生活中容易和别人手肘“碰架”，使用公共设施时也不方便，所以千方百计让她“左手换右手”。没想到，大半年的努力虽然让孩子痛苦不已，进步却微乎其微，而且最近遇到了一个不小的麻烦：半个月前，说话一直正常的孩子忽然变结巴了。现在小美既要纠正结巴，还惦念着“左撇子”，尤其近几天婆婆说，孩子的结巴是小美纠正左撇子造成的。让小美有口难辩，心急如焚。

左撇子是对“左利手”习惯者的俗称。有研究称，世界上有11% ~ 13%的人习惯用左手，我国“左利手”习惯者占总人口的6% ~7%，近1亿人。“左利手”的成因，目前学界并没有全面的认识，但有一个因素占了比较大的比重，就是遗传。研究表明，父母有一方惯用左手，子女出现惯用左手的概率为17%，如双亲都是惯用左手，这个概率就高达50%以上。小美的丈夫和婆婆都是“左利手”，所以女儿是天生的“左利手”也不足为奇。关键问题是，该不该去纠正这种天生的倾向呢？“左利手”和智商有没有关系呢？请看视频“‘左撇子’该不该被纠正”。

思维的种类

思维是一种极其复杂的心理现象，按照不同维度和标准，思维可以分为不同种类。

按思维的逻辑维度可以将思维划分为直觉思维和分析思维。直觉思维是一种没有经过严密推理与论述而直接猜测问题关键的思维。许多科学家的发明创造最初就来源于直觉。这是一种非逻辑思维，它是人脑对于突然出现的新问题、新现象和新事物能快速理解并做出判断的思维方式，常表现为一种猜测、预感和设想等，但由于产生之初缺乏严密可靠的论证，容易被人们认为是毫无根据的妄想和臆断而被否定。一定程度上直觉思维可以看作是逻辑思维的凝聚和简缩，具有敏捷性、直接性、简缩性、突然性等特点。由于直觉思维出现得敏捷而突然，思维者往往意识不到直觉思维的过程而直接得到思维的结果，结果通常表现为灵感和顿悟。浮力定律就是阿基米德在洗澡时，看到澡盆中的水位随着浸入水中身体的大小发生升降，电光火石间灵感突现，提出了浮力定律。而分析思维与直觉思维相对，是一种严格遵循逻辑规律、逐步进行分析推导而得出合理化结论的思维。分析思维以严密的逻辑推理为特点，我们通过环环相扣的推理和论证获得解决问题的答案就是分析思维的体现。总体来看，男性倾向于使用分析思维，女性则倾向于使用直觉思维。

知识加油站——可信男人长啥样？

生活中很多女孩子在谈到未来的结婚对象时，“可信”“靠谱”“安全感”是常常挂在嘴边的几个词。那么，什么样的男人容易被认为是可信的呢？英国心理学家做了一项有趣的实验，他们对英国 111 名女性进行了问卷调查，向她们同时出示 120 张不同的男性面孔，要求女性根据自己的主观感受判断出谁“诚实可信”，并将此划分出 5 个梯度。调查结果发现，圆脸、大而圆的眼睛、淡眉、窄鼻、小鼻孔、大嘴、薄唇、下巴线柔和、面部汗毛稀少、肤色偏亮的男性长相被认为是诚实可信的。而方脸、深凹的小眼睛、浓眉、宽鼻、大鼻孔、小嘴、厚唇、下巴线刚毅、面部汗毛浓重、肤色铁青相貌的男士则相对“阴险奸猾”。专家根据这样的描述，用计算机合成了理想化的“最可信先生”的面孔。

令人尴尬的是，如果按照这种区分法则，英国前首相布朗以及美国总统奥巴马皆被归入“不可信”的一类。而好莱坞巨星汤姆·克鲁斯、马修·布鲁德里克、英国男高音罗素·沃森皆被归入“诚实可信”的一类。

说到这，可能有人要问，为什么只有“可信先生”的调查，为什么没有“可信女士”的调查呢？其实，考查一下这个实验的过程不难发现，被调查的女性完全是通过直觉对男人是否可信进行判断的，直觉思维是女性的特长。而男性惯用的分析思维包含了太多的理性成分，男人们可能会说：“你不能仅凭封面判断一本书的好坏，又怎么能根据细微的面部特征来判断一个人的诚信度呢？”

根据思维过程中凭借物的不同，可以将思维分为动作思维、形象思维和抽象思维。动作思维是以实际动作为支柱的思维，又称作操作思维或实践思维。成人的动作思维以丰富的知识经验为中介，并在整个动作思维的过程中进行调节和控制，如舞蹈艺术家的创作过程就是运用了动作思维。形象思维是凭借事物的具体形象和表象进行的思维活动。表象是指当事物不在眼前时，人们在头脑中形成的事物的形象。艺术家、作家、工程师等都需要在工作中使用形象思维。具体形象与语言相结合就形成了高级的逻辑思维，这种思维不仅运用了抽象的语词，而且具有鲜明的形象特点，一个典型的例子就是文艺作品，运用形象的东西说明深刻的道理和精神内涵。抽象思维则是运用概念、判断、推理等思维方式进行的思维活动。抽象思维有两种形式：公理思维和辩证思维。公理思维以人们公认的不证自明的道理作为推理依据，然后遵循形式逻辑规则在某一前提下推出某种结论。辩证思维遵循辩证法，从矛盾转化中研究事物，由于事物都是绝对运动相对静止，因此单纯依靠公理思维不能全面认识事物，必要时要将公理思维上升到辩证思维。

生活中的心理学——会“说”人话的黑猩猩

人类的DNA有98.7%与黑猩猩是一样的，那么，如果给黑猩猩创造合适的环境，他能否和人类的孩童一样，学会语言呢？黑猩猩由于喉部构造与人类不同，因此不可能发出人类的声音，但是，如果教会他们像聋哑人那样使用类似手语的动作语言（或称符号语言）就可以避免这一缺陷。实际上，在人类历史上，曾经进行过类似的实验。

华秀是一头1965年出生于西非的雌性黑猩猩，它的名字源于美国内华达州华秀县的县名，因为它是在那里被养大并学习动作语言的，这也是人类首次让动物学习人类的动作语言。1967年，内华达大学的加德纳夫妇建立了“华秀项目”，目的是让黑猩猩通过自然的社会性交往掌握动作语言。他们的试验方法是尽量利用黑猩猩的自身能力来创建丰富的身体姿势（这也正是黑猩猩在野外的交流方式），由此建立黑猩猩的动作语言体系。

加德纳夫妇像抚养人类幼童一样对待华秀。只是与它在一起期间，加德纳夫妇都只用动作语言和它交流，他们认为这样做能为它创造一个不容易和人类使用的有声语言发生混淆的学习环境。这样的环境也经常用于儿童动作语言教学。经过几年的动作语言学习后，华秀能在无须奖励性条件反射的情况下学会动作语汇，并能通过观察人类，学会新的动作语汇。华秀最终学会了将近350个动作语汇。令人惊奇的是，华秀能够用它学会的数百个动作词汇来组合出它从未被教过、由它自己创造的新奇“语言”，从而表达出不同的意思。例如，它不懂“热水瓶”这个词，却会用“金属、杯子、喝水”来表示这个东西。据说它还有一定程度的自我意识和情感。一次，华秀的看护人凯特因怀孕、流产而多个星期未上班，当她回来上班时，华秀对她横眉冷对。凯特向华秀道歉，并决定告诉它实情。她做出“我的宝宝死了”的动作。华秀先盯着她看，然后垂下眼睛，又抬眼偷看她，然后做出表示“哭泣”的动作：轻抚自己的面颊，画出人类眼泪滴落的路径（黑猩猩不会流泪）。凯特后来说，华秀的一个动作语汇就能告诉她很多有关它的心智的东西，这比它学会更长的、语法正确的句子更有意义。

当然，对于黑猩猩是否能够使用语言的争论目前尚未得到统一的答案。如果将语言定义为由词汇和复杂语法构成，组合起来表达有意义内涵的工具，那么，黑猩猩的动作语言缺乏句法结构，他的表达只能视为手势的组合。但是，如果语言仅仅指通过有意义的符号序列进行交流的能力，那么，黑猩猩可以被视为可以使用语言。

按思维目标的方向不同，思维可以分为聚合性思维和发散性思维。聚合性思维是指把问题中所提供的信息聚合起来，朝着同一方向得出正确答案的思维，主要特点是求同。学生在考试过程中运用题目中给定的已知条件运算出正确答案，就是运用的聚合性思维。国家公务员考试中的“申论”提供了大量的素材，要求应试者根据素材找到最核心的问题，并提出解决方法，其考察的也是“由面到点”的聚合性思维。发散性思维是指从一个目标出发，沿着各种不同的途径去思考，探索多种答案的思维，主要特点是求异和创新。学习中的一题多解就是鼓励发散性思维，比如说出袜子的20种用途，在考虑过常规的穿在脚上防寒保暖后，可以发散出装饰品、做沙包、收纳袋等其他具有创新性的用途。

根据思维的创新程度可以分为常规性思维和创造性思维。常规性思维也称再造性思维，指人们运用已有知识和经验，按照现有的方式解决和处理问题的思维。创造性思维是指用新颖、独创的方式来解决问题。创造性思维既是发散性思维与聚合性思维的综合，也是直觉思维和分析思维的结合。研究发现，创造性思维并非天赋异禀者所独有，新思想和新技术也并非少数天才的专属，可以通过社会以及社交网络经由“集体大脑”活动而产生。每个人的能力有所不同，“集体大脑”使每个人的大脑在可能的范围内尽量获取知识，变得更加聪明。因此，社会的创新速率一方面受到社会交流的影响，在社会性更强、人们彼此联系更为紧密的社会中，社会个体可以与来自不同背景的人进行交流，从而激发出更多的新想法。另一方面，创新还需要具有较高准确度的文化知识传输机制，比如书籍、正规的学校教育或在线课程等。此外，还需要有良好的社会安全保障网络，帮助人们在失败后快速恢复。

问题解决

问题解决简单来说就是想办法解决问题，是给定信息与目标之间有某些障碍需要克服时，人类大脑进行的一系列有目的有指向性的认知操作过程。问题解决是人类思维方式之一，但并不是所有的思维活动都是为了问题解决。一般来说，问题解决的思维活动需要具备三个条件：一是具备明确的目的性，否则问题解决就失去了方向；二是需要具备一系列心理操作程序；三是必须具备思维认知成分的参与。

师说心语——获得“诺贝尔经济学奖”的心理学大师们

在传统经济学家看来，人是理性的，能够审时度势，根据环境条件做出最优选择；然而近年来，诺贝尔经济学奖屡屡被心理学家获得，他们无一例外都在“揭示真实世界人类的决策过程”方面做出贡献，极大地挑战了传统经济学对人类决策过程的论断。那么，人类的决策过程遵循怎样的规律，人类是理性经济人吗？请扫码观看视频“获得诺贝尔经济学奖的心理学大师们”。

影响问题解决的因素有很多，主要包括外部环境、问题难易程度、问题解决者本人的身心因素等。这里主要分析问题情境和问题解决者心理因素对问题解决的影响。

问题情境。问题情境是指问题解决者所要解决的问题的客观情境和刺激模式。当个体在活动中遇到某种不清楚、不熟悉的客观事实或现象，运用已有知识经验和技能不能解决时就会出现问题情境。一般情况下，问题情境与个体的认知结构差异越大，问题就越难解决；反之，认知差异越小，问题解决越容易。问题情境中物体和事件的空间排列、问题元素的空间集合方式等都影响问题的解决。以一道几何题为例。图 3.3 中，已知正方形内切圆的半径为 2cm，求正方形的面积。这道题本身并不难，但是如果比较起来，当半径画在如左图所示位置时，相比右图，题目解起来会更加容易。

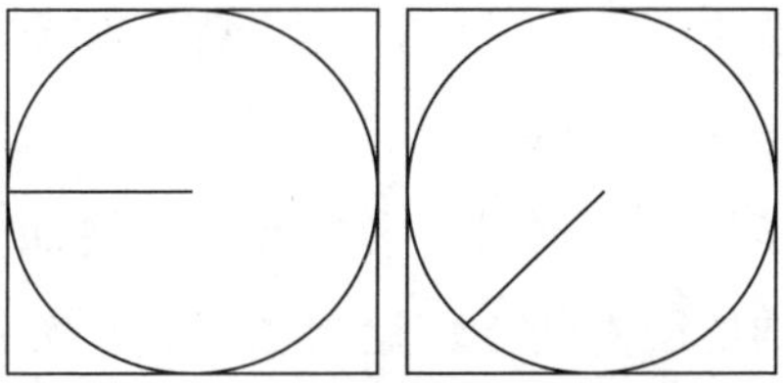

图 3.3　问题情境对问题解决的影响

心理定势。定势是心理活动的一种准备状态，即在知识、经验的影响下解决问题的倾向性。这种倾向性一方面有利于我们利用已经掌握的原则和方法，快速有效地解决所面临的问题，促进认识的发展；另一方面可能会限制我们的思路，阻碍认识的发展。这是由于，一个人如果用某种思路解决了若干问题后，会促使其在以后遇到的问题中也使用这一思路进行解决。有这样一个实验（见图 3.4）：天花板上悬垂下两根绳子，两根绳子之间的距离超过人的两臂长，如果被试者用一只手抓住一根绳子，那么另一只手无论如何也抓不到另外一根。在这种情况下，要求被试者把两根绳子系在一起，并在离绳子不远的地方放有钳子、滑轮等物，尽管被试者早就看到了这些物品，却没有想到它们会与系绳活动有关，结果没有完成任务和解决问题。其实，这个问题也很简单。如果系绳人将钳子或者滑轮系到一根绳子的末端，用力使它荡起来，然后抓住另一根绳子的末端，待滑轮荡到他面前时抓住它，就能把两根绳子系到一起，问题就解决了。

图 3.4　结绳问题

功能固着。功能固着是指个体在解决问题时只看到事物通常的功能，而看不到其他方面的功能。在解决问题过程中，能否改变事物固有的功能来适应新的需要，是解决问题的关键。在“曹冲称象”的故事中，当提到称象的办法，文武百官首先想到的是造一杆大秤，就是由于他们将“称重”这一功能固着在了秤上，而没有考虑到其他物品，如船也可以凭借浮力获得称重的功能。功能固着同心理定势类似，一方面有助于同类问题的迅速解决，但另一方面限制了人们的思路，在解决新问题时思维受到阻碍。因此在解决问题的过程中，要充分调动思维的灵活性，从不同角度加以思考，跳出功能固着和心理定势的窠臼。

著名的“蜡烛问题”就展现了功能固着对人们思维的束缚。如图 3.5 所示，有一盒图钉，一盒火柴和一支蜡烛，要求只使用手上的材料，将蜡烛安全地钉上墙壁。在解决这个问题时，很多人将图钉盒的功能固着在“盛装图钉”上，而没有考虑到它们也可以作为平台使用，因而没能解决问题。如图 3.5 中右图所示。

图 3.5　蜡烛问题

认知结构的限制。认知结构是指当人们面对问题时，对问题的认识、看法、印象等方面的心理反映。如果对问题有着明确的认知结构，问题解决就轻而易举，反之则不然。要突破认知结构的限制，使问题得以顺利解决，必须从认知结构的扩大和重组入手，突破原来的思路。哥伦布在一次晚宴上拿出几个熟鸡蛋，要求几位对他发现新大陆十分不屑的贵族在不加任何辅助工具的情况下将鸡蛋立在桌子上。几位贵族被滑溜溜的鸡蛋搞得焦头烂额，最终哥伦布公布答案，将熟鸡蛋一头磕碎作为底座，轻而易举地将鸡蛋立在了桌子上。这里几位贵族就是受到认知结构的限制，问题是将鸡蛋立在桌子上，并没有规定鸡蛋本身形状不可以改造，而几个人却只能对圆滚滚的鸡蛋束手无策。

师说心语——人为啥有时精明，有时“犯二”

人类常常是个“聪明的傻瓜”，自认为做了最理性、最优化的决策，但却在不知不觉中掉进了非理性的“陷阱”。心理学家们已经揭示出了人类决策的规律，请观看视频“人为啥有时精明，有时犯二”。

动机与情绪。动机强度影响工作效率，而工作效率与解决问题有关，因此动机强度影响问题的解决。动机强度与问题解决效率之间也存在一定关系，通常呈倒“U”形曲线，即动机水平中等有助于问题高效解决，而动机强度过低或过高都不利于问题的高效解决。另外，当人处在解决问题的情境中时通常会情绪波动，而这种情绪波动又会反过来影响问题的解决。积极的情绪状态有助于问题的解决，而消极的情绪对问题解决不利。有些人在遇到难题和困难时会产生畏难情绪，这种消极情绪反作用于人脑，往往会使思维受阻，或头脑一片空白，从而影响问题的解决。

本节思考题

1. 托马斯·爱迪生曾经说过："天才是百分之一的灵感加上百分之九十九的努力。"如果真的如此，那么对于天才来说，强烈的动机是否比思维能力更重要呢？

2. 请举例说明，思维定式对工作和生活的影响，并谈一谈如何克服它。

实践项目

专家是天生的还是靠后天学习而成的呢？请查询资料阅读文献，尝试从细分领域或者生命发展的角度出发，考虑并探讨这个问题，并用文献证明你的观点。

阅读文献

第四篇

有情有爱才完整

第一节 问世间情为何物——情绪与情感

课前思考

你有过“失而复得”的体验吗？在一次出差返程的途中，我将携带的一个大大的行李箱放在了车厢连接处的“大件行李存放处”，然后，坐在车厢中部的座位上度过了一个美好的旅程。然而，在火车到达终点站，我随着人流走到车厢连接处取行李时却惊奇地发现，我的行李箱不见了！刚开始，我心里并没有太多的担心，我猜想可能是列车员为了方便其他乘客，调整了行李的位置。可在我寻遍整个车厢却不见行李箱时，我有点慌乱了。我开始回忆行李箱里的物品：电脑、合同、资料……我不敢有丝毫的懈怠，立刻找到了车厢的乘务员，向她描述了行李箱的外观特征，她开始与我一起寻找。我奔走在列车的各个车厢，检查每一个座位和行李空间，我分明地感到自己心跳加速，呼吸也似乎有点困难了。

非常遗憾，半个小时以后，找寻行动以失败而告终。乘务员留下了我的联系方式，并承诺如果有人送回一定第一时间联系我，但那时我心里已经有了些许绝望。我站在站台上，深秋的节气，汗水却湿透了衣背，我已经开始考虑如何挽回行李箱内的损失了。

然而，一天之后，我接到了车站派出所的电话。在我一路狂奔赶到派出所，拿到完好无缺的行李箱时，狂喜溢满心头。原来，是一对小夫妻发现错拿了行李后，将行李箱及时送回。我已经无暇谴责他们的粗心，高兴地向警察表达了谢意，如获至宝地带着行李箱回了家。

回忆整个跌宕起伏的过程，从心跳加速、呼吸急促，到奔走寻找，再到失望落寞，直到最后的狂喜感激，生理感受、行为变化、意识体验贯穿在整个过程中。那么，仔细思考这个过程，有趣的问题出现了：我是先注意到自己心跳的变化，然后才感受到内心的焦虑恐慌呢？还是因为焦虑恐慌才感受到心跳的变化？换句话说，生理唤醒是先于还是晚于情绪体验？此外，我是先想到了行李丢失的种种后果，然后才体会到恐慌的，还是恐慌加剧了我对“灾难化”的想象？换句话说，认知与情绪是如何相互影响的呢？请带着这些问题，开始本节的学习。

情绪与情感

心情、感情、情绪、情感，这几个词都提到了“情”，它们指的是一回事吗？在人类的学习、工作和生活中，人的情感活动总是如影随形，或内隐含蓄，或外显张扬，或婉转缠绵，或慷慨激昂，或悲或喜，或烦或忧，形成了一个色彩斑斓并为人类所独有的复杂的情感世界。学理上人们常常把这种区别于认识活动并同人的需要相连的感情性反应统称为感情（Feeling）。感情是人内心各种感觉、思想和行为的一种综合的心理和生理状态，是对外界刺激所产生的心理反应，以及附带的生理反应的总称。生活中常说的感情通常包括情绪和情感。

情绪（Emotion）是对一系列主观认知经验的通称，是多种感觉、思想和行为综合产生的心理和生理状态。情绪是最基本的感情现象，着重体现感情的过程方面。情绪往往具有明显的外部生理表现，持续时间较短。

情绪在大脑中的运行是一个非常复杂的过程，最早试图阐述情绪生理机制的是美国心理学家威廉·詹姆斯（William James）和丹麦生理学家卡尔·兰格（Carl Lange）。他们分别在 1890 年和 1885 年独立地提出了相似的学说，合称为詹姆斯－兰格学说，他们认为内脏反应提供了情绪体验的信号，我们是因为流泪才悲伤，因为大笑才快乐，情绪只是我们身体状态的反应。1927 年沃尔特·坎农（Walter B Cannon）提出了情绪的丘脑学说，1937 年神经解剖学家帕佩兹（J. W. Papez）提出下丘脑是情绪表达的中心，而边缘系统是情绪体验部位。1954 年美国心理学家阿诺德（M. B. Arnold）提出了情绪的评定－兴奋学说。

当前在情绪生理机制研究领域占主要地位的主要是情绪环路模型和神经内脏整合模型。情绪环路模型（Emotion Circuit Model）假设情绪感受是由情绪和感知结合组成的，分别由不同的神经回路负责，包括内脏活动、腺体反应和骨骼肌运动。情绪环路模型认为，情绪感受主要基于内脏、腺体和骨骼肌等的身体反应在脑干、岛叶和躯体感觉皮层等脑区的映射和表征，它们最终在腹内侧前额皮层、扣带回皮层、杏仁核和下丘脑等脑区的参与下，形成情绪感受。它强调用由外周至中枢的自下而上的加工方式来解释情绪经验形成的机制。

神经内脏整合模型（Neurovisceral Integration Model）则采取由中枢至外周的自上而下的加工方式，以说明情绪调节的神经过程。塞耶（Thayer）等人假设，人类复杂情绪反应的神经基础主要依赖中枢自主网络（Central Autonomic Network，CAN），相互间连接成一个动态活动的系统，来调控适应内脏活动、神经内分泌和行为反应，通过整合情绪刺激的中枢活动和自主反应，以保证机体能够适应快速变化的环境。

知识加油站——测谎仪原理与应用

童话故事中，皮诺曹说谎后鼻子会变长，现实世界中，人们在说谎时会有生理变化吗？会的！测谎仪就是利用人情绪带来的植物神经系统功能的变化，来发现人的真实想法。

测谎仪是一种用于记录人在情绪变化时各种生理变化（呼吸、脉搏、频率、血压和皮肤湿度等）的科学仪器。1985 年，西萨重·隆布索（Ceu are Lombroso）研制出了一种“水力脉搏记录仪”，通过记录脉搏和血压的变化判断嫌疑人是否与此案有关，并成功侦破了几起案件；1945 年，约翰·里德（John Reid）总结了前人的工作，设计出能检测血压、脉搏、呼吸和皮肤电阻变化以及肌肉活动的多参量心理测试仪，这些都是测谎仪的前身。1991 年，在公安部的带领下，我国依靠自己的力量，经过近一年的努力，研制出了国产第一台 PG－I 型测谎仪，并应用于实践。随着现代科学技术的发展，测谎仪技术已经逐渐成熟，现已将测试参数增加到包括皮肤电阻、血压、脉搏、呼吸等。

作为审讯罪犯的一种辅助工具，目前全国已有不少城市把测谎仪引入公安、司法界。受过专门训练并有一定实践经验的人员做出的测谎结果，准确性可达 75%～80%，对案件审理有一定的参考价值，但不能作为证据。如今，测谎仪技术逐渐升级，可靠率提高，已成功地辅助侦破了大批疑难案件。

按照复杂性可以将情绪分为简单情绪和复杂情绪。简单情绪是指人类最基本、最普遍存在的一些单纯情绪，目前学术界对于简单情绪的界定并不统一，但一般认为，应至少包括愉快、痛苦、愤怒、恐惧、惊奇等。复杂情绪是个体在社会活动中在简单情绪的基础上产生和发展的，如妒忌、谄媚、害羞、内疚、悲喜交加、悔恨交织、百感交集等。

师说心语——最有害的情绪是什么

积极情绪有利于健康，消极情绪有害健康，这是大多数人都了解的常识。但如果要在两类情绪中再分出伯仲，哪种积极情绪最能让人心旷神怡，哪种消极情绪对人最有害，也许你就不能立刻回答了。有心理学家根据情绪所包含的能量进行了分类，从一个新的角度对情绪的价值进行分析，请观看视频“最有害的情绪是什么”。

情感（Affection）是比较高级的感情现象，着重体现感情的内容方面，与人的基本社会性需要相联系，相比情绪具有较稳定持久、内隐含蓄的特点。常见的情感有很多，如满意感、幸福感、荣誉感、获得感等。

知识加油站——PERMA 幸福感模型

积极心理学之父塞里格曼 2011 年提出了 PERMA 幸福感模型，认为幸福感来自五个方面：P 指积极情绪（Positive emotion），表现为乐观、建设性地面对过去、现在和将来；E 指参与（Engagement），对某项活动、组织或事业产生深度的心理联结与投入，沉浸于其中产生“心流”感受；R 指关系（Relationship），有归属感，受人关爱，融入社会，获得来自社会网络系统的支持；M 指意义（Meaning），生活与工作有目标、有方向，并且对努力的效果充满信心；A 指成就（Achievement），表现为实现目标后的满足感和成长带来的自豪感等。

情绪和情感从本质来讲都是人脑对客观事物与主体需要之间关系的反映，属于同一类不同层次的心理体验，它们之间有密切的联系。情绪是情感的基础，情感是在情绪稳定的基础上建立起来的，并且需要通过情绪表现出来；情绪也离不开情感，情感的深度决定着情绪表达的强度，情绪发生的过程中往往包含深刻的情感因素，因而在日常生活中，情绪与情感通常被混用。然而，二者也存在区别。

首先，从产生原因看，情绪是由生物性需要是否得到满足而引起的体验，如饮食、安全等需要的满足与否引起愉快或不愉快等体验；而情感是由社会性需要是否得到满足而引起的体验，如尊重、交往等需要引起的体验。从这一角度来说，情绪是低级的，它为人类和动物共有，而情感是高级的，它是人类特有的。

其次，从二者的发生来看，情绪出现得早，情感出现得晚。新生儿一个月内就出现了愉快、痛苦的情绪反应。他们最初的面部表情具有反射的性质，而随后发生的社会性情绪反应就带有体验的性质，产生了情感。例如在母子交往中，母亲哺乳引起婴儿食欲满足的情绪；母亲的爱抚引起婴儿欢快、享受的情绪。当婴儿与母亲形成了依恋时就产生情感。这种依恋具有相对稳定而平缓的性质。

最后，从二者的表现来看，情绪具有较大的情绪性、暂时性和冲动性，它往往随着情境的转换和个体需要的满足或减弱或消失。情绪发生时会有十分明显的外在表现，如高兴时手舞足蹈、喜上眉梢，愤怒时怒发冲冠、暴跳如雷，悲伤时泪眼婆娑、泣涕如雨；而情感则具有稳定性、深刻性、恒久性等特点，它更加深沉内敛，一旦形成便具有相对稳定的结构。

活动与练习——辨认你的情绪

能够识别出人类复杂、多元的情绪，并清晰了解自己情绪发生发展的特征是高情绪能力的展现。请记录你在一周里的情绪变化。希望你每晚都花一点时间回忆自己一天的情绪感受、与其他人的互动情况，以及情绪发生时的具体情境等，尤其关注自己负面情绪发生时的状况，并试着回答以下问题：

1. 你是如何辨识出你所感受到的情绪的：通过生理上的刺激、非语言行为或者其他的认知过程？

2. 除了辨识自己的情绪外，你能够精准分辨产生这种情绪的原因吗？有任何困难吗？

3. 你最常有的情绪是什么？是单一的情绪还是多种情绪混合在一起？强度是温和的还是强烈的？

4. 你在什么样的情境下会被“点燃”，表现出激越的情绪，如狂喜、愤怒、悲恸等？影响你的人或者情境是怎样的？

5. 你在什么样的情境下会隐藏自己的情绪，什么因素让你决定隐藏而不是表达？你隐藏的是哪种类型的情绪？

情绪劳动

情绪劳动是指劳动者调节和管理自身情绪以便创造公众可见表情与动作的努力。生活中，许多与人打交道的工作都需要从业者调动心理能量，调控自身情绪，表现出与职业要求相吻合的行为。例如营业厅客服人员、高铁和飞机的乘务员、呼叫中心人员等，工作要求他们始终保持友善、亲切、耐心的态度。这就需要他们无论内心是“阳光灿烂”还是“兵荒马乱”，都要瞬间“入戏”，表现出职业性的“温暖”；医生在面对危重急症时，“心弦”已经绷紧到极致，但在表情上却不能表现出一丝慌乱，因为医生的不安可能被患者和家属放大解读，进而引起恐慌；消防员，尤其是新入职的人员，在遇到灾难现场时，也会和普通人一样产生恐惧、厌恶以及紧张，但他们必须隐藏起自己的本能反应，勇敢地逆向而行，这除了信念的支持，情绪管理也极其重要。

情绪劳动的概念1983年由霍克希尔德（Hochschild）在她的专著《心绪管理：情感的商品化》一书中提出。她把员工的情绪劳动分为表层劳动（Surface Acting）和深层动作（Deep Acting）两类。前者指员工被动（或主动）调节其情绪表达方式以符合组织的要求，如调整面部表情、使用标准的语音语调、手势动作等。换句话说，表层劳动具有“佯装”的特征，形具而神不在；后者指员工为表达组织所期望的情绪而主动（或被动）尝试改变自身真实感受来展示情绪角色。这种改变已经不仅仅停留于形式，而是从内在发生改变。

长期的情绪劳动可能会引发情绪耗竭，进而产生工作倦怠或主动破坏行为，对于从业者的身心健康也有负面影响。因此，员工需要采用多种情绪劳动策略指导自己的工作。常见的策略包括：加强心理暗示，厘清工作与生活的边界。情绪劳动是工作要求，家庭生活充当了工作情绪的“充电宝”。所以，从业者要学会快速从工作情绪中脱离，从生活中寻找乐趣和幸福，从而给自己留下更多的恢复空间；加强自身的情绪调节能力，提升自己抗击压力及挫折的能力。从业者应学会进行自我疏导，尽可能将工作产生的不快控制在有限范围内；主动了解组织文化、管理传统、工作环境、情绪表达规则等，认清自己在工作中的定位并形成高度的组织认同，只有在个人的价值观与组织的价值观匹配时，才能在组织中共享情绪。

生活中的心理学——高速收费站小姐姐瞬间“变脸”

“前一秒，高速收费员小姐姐还哭得梨花带雨；而后一秒，她就收起了悲伤把最美的微笑送给过往司机。”2020 年 1 月，一条半分多钟的视频被传到网上后，三天的时间收获了上千万点赞，10 万多条评论，几乎满屏都是给小姐姐“加油”打气。

20 岁的收费站小姐姐在工作岗位上多次被不理解新政策的司机辱骂，被爸妈捧在手心里长大的她没有受过这样的对待，当场就委屈地哭了出来。但让人没想到的是她下一秒便努力控制好情绪，转头继续微笑服务。她这一“变脸”举动引发了众多网友的感同身受，网友们一边佩服小姐姐的职业精神、强大的情绪控制能力，一边纷纷表示“成年人的世界哪有容易二字！长大之后慢慢学会收敛自己的情绪，越痛越不动声色，越苦越保持沉默”。

情绪表达

许多人很少表达情绪，他们能够自在地陈述事实，也乐于表达观点，但是难得透露他们究竟内心感受如何。为什么会这样呢？这可能受到性格的影响，也可能与社会文化与习俗有关系。

外向性格（Extraversion）的人比内向的人更容易在日常生活中表达出正面的情绪，神经质性格（Neuroticism）的人比稳定性格者更容易在日常生活中表达负面情绪。这似乎与天性有关。然而，需要注意的是，情绪表达特征并不能与性格一一对应。内向的人常被人们贴上不善于表达、害羞沉默的标签，而现实生活中，许多内向的人完全可以在公众演讲或公开社交场合侃侃而谈，恰如其分地表达情绪和观点。他们与外向者的不同在于，外向的人习惯于一边思考一边表达，而内向的人则倾向于慢节奏的互动，因为他们需要留下思考的空间。此外，内向的人也并不一定比外向者更加善于“忍辱负重”，如果别人的言行侵犯或者诋毁了自己精神上的舒适区，他们也会怒火中烧，猛烈抨击，强烈的程度甚至更胜一筹。因此，当你与内向的同伴相处时，了解对方的情绪“按钮”，并保证不触碰它，这才是你们和睦相处的前提。

此外，不同的文化对情绪表达方式也有着潜在的不同要求。研究发现，亚洲人比较认可“低强度积极情绪”，如恬静；而美洲人则比较认可“高强度积极情绪”，如兴奋；中国人认为喜怒不形于色是成熟稳重的象征，而美国人却认为，流露感情代表了坦率和真诚。因此，在表达情绪时，美洲人热衷于使用强烈而直接的词汇、夸张的动作表情，而亚洲人却会认为，这样的表达只有在特殊场合才可以出现。例如“我爱你”这三个字，美国人会比其他文化背景下的人更频繁地使用它，而亚洲人却认为频繁使用会让这句话失去原有的力量和意义，中东国家人们则认为这三个字只能在配偶之间表达，一旦说出口就代表着求婚。由此可见，了解不同文化下的情绪表达规则，表现出适当的行为是跨文化管理、跨文化沟通时的重要一环。

有研究认为，人们对信息的解读有93%来自非言语信息，还有研究者将这一数据定位为65%，但无论精确的数字是多少，表情，尤其是非言语表情对于情绪表达有着重要的影响。

表情是情绪的独特的外部表现形式，即情绪性的身体外部变化。比如人在高兴时开怀大笑，悲伤时泪流满面，愤怒时紧握拳头，害羞时面色通红等。表情是表达情绪状态的身体各部分的变化模式，是一种具有自身特点的情绪语言，它通过有形的方式表达内部的情绪体验，成为人与人之间相互沟通、相互理解的工具之一，也是了解个体主观情绪的客观指标之一。表情包括面部表情、动作表情和言语表情三大类。任何一个情绪的表达都需要这三者的通力配合。当三者表现出不一致的情况时，可能预示着内心出现矛盾或者有作假的嫌疑。

师说心语——看穿 ta 的小心思

“看透人心”“识人术”是心理学留给大众最感兴趣的话题之一。实际上，心理学家并没有“火眼金睛”，要想了解一个人，只能通过长期观察他的行为、言语等，根据一些规律，间接、综合地推测对方的人格、需要、价值观等。请看视频“看穿 ta 的小心思”。

心理学家的研究显示，人的面部表情基本反映在嘴唇、眉毛、眼睛光泽的变化上。例如，人在愉悦、欢喜时嘴角后伸，上唇略提，双目闪光，眉毛舒展，即我们常说的“眉开眼笑”“喜上眉梢”；感到惊奇时则会瞪眼、张口、两眉竖起，即所谓的“目瞪口呆”“瞠目结舌”。情绪心理学研究发现，最容易辨认的表情是愤怒、欢乐和痛苦，较难辨认的是厌恶，而有些人认为惊讶和欢乐、怀疑和怜悯有相似的姿势。艾克曼（Paul Ekman）的实验证明，人们面部的不同部位在表达情绪时的重要作用不同，如眼睛主要表达忧伤，口部主要表达快乐和厌恶，前额主要负责惊奇情绪的表现，眼睛、前额和嘴对表达愤怒情绪十分重要。此外，口部肌肉的变化也是表现情绪的重要线索，如憎恨时咬牙切齿、嘴角抽搐。

面部表情具有跨文化的一致性特征。达尔文在 1872 年提出人类表情有很明显的生物性起源，正因如此，表情可以被各种不同区域、文化的人群所认知，而不会有什么差异。1972 年，艾克曼通过研究新几内亚原始部落居民的面部表情，测试了关于表情的理论，提出了六种基本情绪——高兴、惊奇、生气、厌恶、恐惧、悲伤存在跨文化的一致性，即各个文化下的人们具有相同的几种情绪，这一观点至今被广泛认可。所以，不同文化、不同语言的人交流时，即使有时听不懂对方的语言，也能从对方的面部表情中感受到对方传递出来的情绪与态度。

动作表情借助全身姿态和四肢活动表达情绪，如欢乐时手舞足蹈、捧腹大笑，悲恸时捶胸顿足、呼天抢地等。其中手势是一种重要的体态表情，手势是手臂姿势的通称，指的是人在运用手臂时所作出的具体动作与体位。因此手势不止局限于手部动作，还包括手臂的配合。“振臂高呼”“双手一摊”“手舞足蹈”几种手势分别表达了个体激愤、无奈和高兴的情绪。手势表情是后天习得的，由于社会文化和传统习俗的不同而往往具有民族或团体的差异，就比如我们常常伸出食指和中指，其他手指收拢做“V”字表达胜利和喜悦之情，此时通常手背是朝向自己，但在希腊用此手势则必须把手指背向对方，否则就表示侮辱、轻视对方之意。图 4.1 是一些常见的动作表情和表达的意义。

图 4.1　常见的动作表情和意义

利用动作表情可以表达或识别语言难以企及的内容。假设你和一位朋友正在进行一场私密且深入的谈话，这时第三个人走过来想要加入你们。你们的谈话正进行到关键时刻，你并不想中断谈话接受第三者的加入，甚至你还有点不喜欢这个人，那么，如何不通过明确的语言拒绝，却让第三者知难而退呢？答案很简单，利用动作语言。你只需要转动身体，背向那位闯入者，他就很难穿越你的肩膀去进行交谈；当然，如果你真心希望他加入你们的谈话，你也只用调整身体的方向，让脚尖指向他，身体向他打开，对方就可以感受到你的真诚和热情。

活动与练习——如何一眼识别大一新生？

每年9月总是大学校园里最热闹的时候，又一批新生满怀着对大学生活的憧憬走进校园。大学的一切对他们而言都是新鲜的，新的专业、新的同学、新的环境、新的氛围……那么，在大学校园里，如何一眼识别大一新生呢？相比在校园里已经辗转腾挪数载的学长学姐们，“萌新”们会有怎样的行为特点？请在校园里进行持续观察，然后，总结你的观点并在同学们中分享。

此外，空间距离作为一种特殊的动作表情，也在传递着重要的情绪信息。人际距离学（Proxemics）就是一门研究人类与动物如何使用空间的学问。它认为，每个人身边都有一个看不见的个人空间，被称为场域（Territory）。在这个场域中，人们拥有自己的权利，能够体会到归属感和安全感。而一旦这个空间被外人闯入，则会感到不舒服；只有抽身而退，重新恢复独立的场域空间，人才会感到比较放松。这可能就是挤地铁、公交时，人们感到分外尴尬的原因吧——肢体上的挤压并不能达到人体的极限，个人空间被陌生人侵犯才是真正原因。

另外，两个人愿意保持的最近距离也可以精准暗示双方的心理接纳程度。人类学家霍尔（Edward Hall）定义了心理距离和空间距离的对应关系（见表4.1）。

表4.1　空间距离与心理距离的对照关系

心理距离	空间范围	适用情境	被侵入的后果
亲密距离	0~0.5米	私人情境，适用于非常亲密的人	强烈的不适感，需入侵者立即退出

续表

心理距离	空间范围	适用情境	被侵入的后果
个人距离	0.5～1.2米	夫妻或好友在公共场合站在一起的距离	关系显得亲密甚至暧昧，预示了沟通正在进行中
社交距离	1.2～3.6米	商业场合、公共场合等非个人的情境中，人们交往适合的距离	商业谈判、同事交流、与老板沟通时常用的距离，过近则显得不够正式
公共距离	3.6米以外	公开演讲、上课等一方主导的公开场合	如果可以选择，双方仍保持了这样的距离，说明双方并没有太强烈的沟通愿望

声音本就是非言语沟通的另一种形式，这种方式可以使相同的字词表达出各种不同的意思。言语表情主要通过一个人说话时的声调、节奏和速度等变化来反映不同的情绪。如在喜悦时音调稍高，言语速度快，语音高低差别大，而愤怒时声音高而尖且颤抖。播音员根据播报内容的不同，言语表情的变化最为明显，当播音员转播体育比赛实况时，他的声音尖锐、急促、声嘶力竭，表达出对赛场情况的紧张而兴奋的情绪；而当播报某位领导人逝世的公告时则语调低沉，语速放缓，表达对逝者的悲痛与惋惜。可以尝试一下，通过强调不同的重音而使说话者的意思表达大不相同。

这个人对我们特别实在（是这个人，而不是你所说的那个人）。

这个人对我们特别实在（这是对我们的特殊照顾，而非所有人的待遇）。

这个人对我们特别实在（实在的程度超出了你的预期）。

这个人对我们特别实在（配上摇头或者无可奈何的表情，表达的可能并非赞扬）

研究者通过研究没有实质内容的演讲来辨识言语表情的影响力。原始的演讲内容经由电子手法处理，使演讲者说话的内容无法听清楚，但是言语表情的部分则不受影响。这有点类似听你不掌握的外语演讲的效果。结果显示，被试虽然不能对内容进行判断，但是却可以精准判断演讲者的情绪状况（Knapp & Hall，2010），这也说明了，“以内容取胜”的演讲并不能真正达到目的，语言训练在情绪表达中有重要意义。

生活中的心理学——微表情真有如此神奇？

美剧《Lie to me》风靡全球，主角卡尔·莱特曼博士是世界顶尖的测谎专家，能从一个人的面部表情、不自觉的肢体语言、说话的声音和言辞中，读出一个人的想法。他不仅知道某人在撒谎，而且知道其为什么撒谎。在此剧播出之后，很多人产生了一个问题：这是真的吗？如何识人辨人，分清谎言和真相呢？在他们心中，心理专家都有一双“鹰”的眼睛，特别擅长洞悉人心，那些看似高明的撒谎、掩饰在被心理专家定格后，瞬间就会土崩瓦解，无路可逃。

其实，心理专家的所谓“识人”大多是通过观察对方的外部行为，如面部表情、动作表情、言语表情间接进行的推测。因为他们掌握的规律比较多，所以在推测时，可能显得更有经验，准确率更高，并非是有什么超凡的“第六感”。不过可能有人要问了，如果一些别有用心的人（如政治家）有意识地利用表情规律进行训练，是否有可能用“假表情”蒙混过关呢？近年来，已经有研究者意识到了这个问题，开始进行“微表情（Micro－expressions)”的研究。所谓微表情，就是人们在受到有效刺激的一刹那，不由自主地表现出的不受意识控制的瞬间反应。这种表情瞬间即逝，不易捕捉，但是却能表现出最真实的感情。

当然，如果一个人熟知表情原理与规律，并接受专业的训练，例如政治家和演员，他们就有可能做到“言不由衷”“表里不一”。那么，有没有可以窥探真实内心世界的技术呢？近年来，有研究者提出，微表情是一种不能作假的、最真实的反应。微表情是指人在受到外界刺激后所产生的一种应激反应，这种反应最短只有1/25秒，最长也就只有1/5秒，往往转瞬即逝。未受过训练的人中，只有10%的被试才能察觉到微表情。但相比人们有意识做出的表情，“微表情”更能体现人们的真实感受和动机。这种表情不经过大脑，没有任何修饰，是人在遇到应急刺激时做出的“第一表情”。还有学者将微表情（面部表情）与微动作（动作表情）统称微反应。微反应是人类内心活动的“放大器”，一个人内心有怎样的心理活动，都会通过微反应毫无隐藏地展露出来。常见的微反应有：单肩抖动——不自信时候更容易单肩抖动（但并不是所有的单肩抖动就是不自信），揉鼻子——掩饰真相，抿嘴——经典的模棱两可的动作，摸脖子——人撒谎的时候会摸脖子。美剧《Lie to me》中的剧情有科学的成分，但也有一定程度的夸张，相信未来的微反应研究可以更好地揭示人类的心灵奥秘。

本节思考题

1. 请举例说明情绪的表达具有跨文化的一致性，以及文化差异性。
2. 简述情绪与认知的关系。

实践项目

请同学们在主课题“情绪对决策的影响”之下，将变量进一步细化，构建子课题进行研究。自变量情绪可以考虑选取特质性情绪和状态性情绪、积极情绪和消极情绪、高唤醒情绪和低唤醒情绪等子维度的分类，因变量决策也可以具体为购买决策、信任决策、投资决策等。研究方法可以考虑问卷法、实验法等。请进行研究设计，并开展研究，撰写报告。

第二节　内卷下的生存法则——压力管理与情绪调适

课前思考

当你听到“压力”这个词时，你的脑海里会出现什么？大多数人会想到生活中的压力——近在眼前的房贷车贷、未完成的任务或作业、高不可攀的绩效指标……，也有人想到曾经听过、经历过的重大灾难——飞机失事、洪灾、地震等。人们总是把压力和健康问题、躯体疾病等负面事件联系在一起。那么，压力一定是坏事情吗？

创伤性事件、长期的生活状况、重大生活变化，甚至一些微不足道的烦心事都会引起压力感受。面对压力，人们的反应不尽相同。有的人即使遇到很小的烦恼也会“压力山大”，而有些人即使身处危机中也能保持冷静镇定；有的人在经历巨大的压力后能快速恢复，而有些人并没有亲身历险，只是听闻他人的经历，或者关注了媒体的报道之后，就在很长一段时间里持续体会创伤感受，很难重获平静。如何解释个体在应对压力时的差异？是否某些人的生理特点就决定了他们相比常人更加擅长对抗压力？有效的应激反应能否通过学习而获得？创伤后应激障碍是否会伴随人的一生？请带着这些问题开始本节的学习。

应激与应激源

生活中人们所谓的“压力山大”在心理学上被称为应激（Stress）。应激是人们评价和应对威胁性或挑战性事件的过程。在这个过程中，个体的生理和情绪反应被称为应激反应，而引发这些反应的因素被称为应激源（Stressor）。请注意，相同的因素并不必然引发所有人的应激反应，因为，个体对事件的评价会发挥“心理滤镜”的作用，它会大大影响人们所体验到的应激强度。对应激事件的评价，而不是事件本身，才可以对应激反应产生影响。

应激并不必然是坏事情。短期的应激能够调动人体的免疫系统抵抗感染和愈合伤口（Segerstrom，2007），也能激发并驱使个体更有效地解决问题。战场上受伤的军人忍受剧痛完成任务、运动员在赛场上获得比平时训练更优秀的成绩、创业者在逆境之中带领团队拼杀出一条成功之路……这些都是应激条件下个体迸发潜能、创造奇迹的例证。然而，极端或长期的应激可能会对人们造成伤害。常见的应激源包括三类：灾难、重大的生活变化和日常生活中的麻烦事。

师说心语——我的压力超载了吗？

现代社会飞速发展，也裹挟着身处其中的人们随之狂奔。许多人“负重前行”，明明感觉身心疲惫，但仍然想再“撑一撑”。然而，如何知道自己身上的压力已经是“不可承受之重”，还是尚可以撑到“柳暗花明”的那一天？请观看视频“我的压力超载了吗”。

灾难是无法预测的大规模事件，例如战争、空难、地震等。发生这样的事件以后，人的情绪和身体健康会明显受到影响。2018 年 5 月 14 日，四川航空公司一架航班在成都区域巡航阶段，在万米高空突遇驾驶舱右座前挡风玻璃爆裂脱落、座舱释压、仪器失灵的极端罕见险情。机组果断应对，正确处置，实施紧急下降。飞机最终安全备降成都双流机场。备降期间，仅副驾驶面部划伤腰部扭伤，一名乘务员在下降过程中受轻伤，而机上119名乘客无一伤亡。这一事件堪称航空史上的奇迹，但对机组人员而言，则是一次重大且突发的压力事件。经历过此次“死里逃生”之后的机组人员们，或多或少都出现了一定程度的“创伤后应激障碍”，他们在接受了长达半年甚至更久的心理治疗之后才重返工作岗位。

知识加油站——创伤后应激障碍 PTSD

中国有句古语“一朝被蛇咬，十年怕井绳”，就描述了创伤后应激障碍这一现象。创伤后应激障碍（post - traumatic stress disorder，PTSD）是创伤及应激相关障碍中临床症状严重、预后不良、可能存在脑损害的一类应激障碍。指个体在面临异常强烈的精神应激，如自然灾害、交通事故、亲人的突然丧失等意外事故后出现的应激相关障碍。患者主要表现为创伤再体验症状、警觉性增高症状以及回避或麻木症状等。例如，经历过飞机险些失事而死里逃生的人，日后出行时可能就不会再考虑坐飞机，甚至对机场等相关事物也会产生回避和恐惧。

目前临床上治疗创伤后应激障碍的方法主要有心理治疗和药物治疗两种，其中，心理治疗是较为有效的方法，常用的心理治疗有认知行为治疗、催眠治疗、眼动脱敏再加工、精神分析疗法等。药物治疗对于缓解患者的症状、加强心理治疗的效果是肯定的，两者的联合使用是最好的选择。然而实际生活中，超过1/3的PTSD患者的病情慢性化而终身不愈。

直接经历灾难会产生应激反应，间接倾听其他人对创伤的叙述并深深陷入这些叙述中时，个体也可能遭受替代性创伤（Vicarious Traumatization）。研究发现，越是长时间暴露于灾难信息当中的人，越有可能出现压力症状，即使离灾难发生地很遥远、生活很安全的人，也会成为灾难的受害者。这可能与人类特有的共情能力有关。因此，与创伤信息隔离，或者以第三方的视角跳出创伤事件进行观察，将有助于灾难后的压力管理。

重大的生活变化，如离婚、失业、遭受背叛、亲人死亡等，往往会带给人们非常强烈的压力感受，这可能是因为丧失带来的剥夺感不仅会让人感受到严重的挫折，而且可能对自我的核心假设带来挑战。有研究探讨了“爱人离世”和“爱人另有新欢”两种情况哪种会造成更大的压力（Slavich，2009）。虽然两种情境的结果都是爱的丧失，但因为后者包含了针对性拒绝（Targeted Rejection），会带来额外的屈辱感和被遗弃感，进而引申为地位、自尊和自我价值感的丧失。因此，后者更有可能使人患上抑郁症。有趣的是，当这种针对性拒绝转换场景发生在工作中，如被解雇时，同样的状况依然会出现。

生活中的心理学——互联网“大厂”员工的35岁危机

近几年，关于裁员的新闻层出不穷。2021年10月，脉脉研究院针对当下最吃香的行业之一——互联网行业，发布了一则调查问卷，问卷对目前中国大型互联网企业员工的平均年龄进行了统计排序。问卷结果显示，这些公司员工平均年龄从27岁到33岁不等。其中，近几年日头正盛的“字节跳动”和“拼多多”员工平均年龄最小，只有27岁；一些老牌互联网公司，例如网易、新浪、百度等员工平均年龄在30岁，也保持着较高的“换血率”。

这从另外一个侧面表现出，互联网行业的所谓“老人”——“35+”人群面临着更大的职业压力。35岁以上员工精力、体力都已经跟不上“996”“007”的工作节奏，上有老下有小，除了工作还要兼顾家庭，必然导致对工作的投入度降低。相反，一个20岁出头的年轻人，因为没有家庭负担，他可以将全部的时间和精力都投入工作中；并且20多岁的年龄正处在职业发展的上升期，时时刻刻都铆足劲、向上冲。这就使得35岁员工担心竞争力下滑、担心被年轻人替代、担心自己找不到下家……受挫与焦虑同步发生。虽然部分互联网大厂将“裁员”美其名曰“毕业”，但剧情终不可能反转，不少人失业后更是变得迷茫，陷入年龄焦虑，甚至怀疑自己的价值和能力。

对此，建议“35+”的年轻人转变思维，变线性职业发展模式为非线性职业发展模式。所谓线性发展就是由单一因素推动职业发展。例如很多人认为随着年龄的增加，工作经验会越来越丰富，收入会越来越多，也必然会得到晋升。但是很显然，这样的事并不必然发生。一个人的职业发展是多维度因素决定的，如果只关注单一维度，那么很容易把自己推进死胡同。所以，互联网人要结合自己的特长和价值取向，趁早行动，为自己改换赛道培养能力、人脉、兴趣等。莫要等到危机来临才开始寻找出路，否则难免乱了方寸，陡增压力。

灾难和重大生活变化可能并非人人可以遇到，对大多数人来说，来自社会、文化和经济环境中的压力更容易让人产生困扰。工作压力、学习压力、经济压力、婚育压力等是大多现代人扛在肩上的“大山”。国家统计局发布的《中国统计年鉴 2021》数据显示，我国的人口出生率自 2016 年至 2021 年呈现逐年下降的趋势，即使在国家出台二胎、三胎政策后，生育率也并没有呈现井喷式增长。究其原因，由于社会竞争压力加大，不少家庭抚养一个孩子需要投入大量成本，时间、精力、教育支出……再加上原本就面临的生存压力、养老压力等，许多年轻人养育一个孩子已经捉襟见肘，生育更多孩子颇感心有余而力不足。

是不是拥有高薪工作，就能让大多压力烟消云散呢？相反，工作本身便能造成压力，包括情绪压力和身体压力。持续在充满压力的工作环境下工作会导致工作倦怠（Burnout），人们会体会到一种排山倒海的疲惫感，对工作兴趣降低，试图逃避工作，无法从中体会到任何胜任感和成就感。

师说心语——创业者的“情”事

创业者是雄心勃勃，充满激情的一群人，也是承受压力和挑战，备受煎熬的一群人。创业者常常会在成功的喜悦、失败的痛苦、竞争的紧张、超时工作的疲倦中跌宕起伏。创业者有哪些情绪特点，其情绪是如何影响创业决策的？请看视频“创业者的‘情’事”。

近年来研究发现，工作倦怠主要包括如下维度：情绪耗竭（Exhaustion），是工作倦怠的核心特征，具体表现为员工在工作过程中感到情绪资源耗尽，身心极度疲惫，出现烦躁、紧张的状态；去人格化（Cynicism），指员工在工作过程中对同事和工作刻意保持距离，避免过多情感投入的一种冷漠、疏离的状态；低职业效能感（Reduced Professional Accomplishment），指员工在工作过程中感受到无意义、对完成工作任务失去信心的一种低自我效能体验。国内外学者对影响工作倦怠的因素展开了广泛而深入的研究，发现影响工作倦怠的因素主要有个体特征因素（如性别、教育水平）、工作特征因素（如职业认同）（Ren，2021）、环境特征因素（如工作时长、职场人际关系）（Sibeoni，2021）等。工作倦怠作为一种消极的情绪体验，可能会带来一系列消极结果，使个体在生理和心理上感到疲惫不堪，出现失眠、焦虑、易怒等情况，从而导致工作投入度降低、工作成就感降低等不良的状态。

师说心语——情绪会传染吗？

一个在工作中饱受负面情绪侵扰的人，他的坏情绪会影响身边的人吗？当他带着这种情绪与他人共处，会因为朋友的安慰而痛苦减半，还是会因为情绪共鸣而两个人都“心伤”？请观看视频“情绪会传染吗”。

常见的心境障碍

所谓心境障碍（Mood Disorders）主要表现为极端情绪，常见有两种形式：抑郁症和双相情感障碍。抑郁症（Depression）是持续的无望抑郁状态，双相情感障碍（Bipolar Disorder）有时也被称为躁狂抑郁症，患者会在抑郁和躁狂状态之间转换。

早在公元前 4 世纪，希波克拉底就发现了抑郁症的相关症状，并第一次进行了临床上的描述。公元 2 世纪，一位内科医生 Aretaeus 记录了抑郁症症状：“悲伤、沮丧、失眠……因为心烦和缺乏好的睡眠，他们形容消瘦……更有甚者，满怀悲观主义和想死的念头”。这一描述与现代教科书对于抑郁症的描述有着惊人的相似。由此可见，抑郁症并非新时代的产物，患者在情感、认知、意志等方面的困扰历经时代而恒久不变。抑郁症的主要临床表现为：

明显的情绪交替：悲伤、孤独、冷漠；
消退的自我概念：自我责备和自我怪罪；
退行性或自我惩罚的想法：逃避、躲藏、死亡；
植物性症状的改变：厌食、失眠、性欲缺失；
活动能力改变：迟缓或急躁。

第一，表现在情绪方面：沮丧的情绪，许多患者会用“郁闷”“绝望”“悲伤”“不开心”等词来形容自己，有时也会用躯体性的名词来描述这些感受，如“有一团东西在我喉咙里”“我感到胸闷”等。对自我的消极情感，患者对自己感到失望，甚至会发展为自我厌恶、自我憎恨。欲望满足感缺失，这在抑郁症患者最为普遍。患者最初是在一些活动中表现出不满意，随着病情的进展，会发展为对自己所做的所有事情都不满意，美食、性生活，甚至名誉、爱情、友情等都不能让他们感到满足。情感依恋缺失，表现为对他人的爱慕、兴趣减少，进而发展为对整个世界冷漠无情。哭泣，早期患者流泪和哭泣感增强，但当达到重度抑郁时，反而会想要哭泣时却再也无法哭泣，想流泪却没有眼泪了（干性抑郁）。

第二，表现在认知方面：自我评价低，自卑是抑郁的一个特征性症状，他们认为自己缺乏那些对他们而言特别重要的特质，例如能力、成就、智慧等。消极期望，他们看待事情总是想到最糟糕的一面，抵制任何积极的想法，他们甚至会认为糟糕的情况会持续，进而陷入绝望。如果不加救治，最终只能走向自我灭亡。优柔寡断，抑郁症患者难以做出决定，原因一方面是他们会认为自己所做的决定是错的，另一方面则是缺乏动力，处于“意志瘫痪”的状态。自我形象扭曲，他们过分关注自己的外貌，并夸大自己外貌方面的瑕疵。

第三，表现在意志方面：意志瘫痪，丧失积极的动力，不能投入正常的工作和生活中，甚至生活都不能自理。回避、逃避和戒断，意志瘫痪是对所有的事情都缺乏动力，而逃避主义则是对特定的目标有动力，但对于需要他们承担的责任则想要逃离。自杀观念，研究发现，自杀观念在重度抑郁症患者中占比74%，而在其他心理疾病中，出现的频率极少。依赖性增加，患者期望接受帮助、引导，这不仅可以让他们获得实际的实惠，而且它所带来的情感意义也对患者至关重要。

第四，表现在躯体症状方面，抑郁症的症状还包括缺乏食欲、睡眠紊乱、性欲减退、疲劳、妄想等。

当然，以上所述只是大多数情况下的表现，还有患者会用愉快的假象掩饰不愉快的情绪，甚至在社交场合需要时还会出现短暂的笑容。人们称之为“微笑抑郁”。这样的表现并不意味着他们比“愁眉苦脸”的抑郁症患者状态更好，相反，这说明他们对情境有着很好的觉察性，他们认为自己应该在此情此景下回报以微笑，而内心却没有真正的情感。

知识加油站——重度抑郁症的评判标准

《精神障碍诊断与统计手册》（DSM）对于重度抑郁症的评判标准如下：在连续两周的时间里，表现出下列9个症状中的5个及以上，并且至少包括（1）和（2）中的一个。

（1）每天大部分时间心情抑郁。

（2）在每天大部分时间，对所有或者大多数平时感兴趣的活动失去了兴趣。

（3）体重显著减少或增加（正常体重的5%），食欲显著降低或增加。

（4）每天失眠或者睡眠过多。

（5）每天精神运动亢进或减少。

（6）每天感到疲劳，缺乏精力。

（7）每天感到自己没有价值，或者自罪自贬。

（8）每天注意力和思考能力下降，做决定时犹豫不决。

（9）常常想到死，常有自杀念头甚至自杀行动。

注：如果上述症状发生之前出现过丧失亲友的事件，那么，判断时要关注症状是否在事件发生后的两个月仍存在，而且伴随着显著的生活工作方面的功能缺损、自罪自责、自杀观念或精神运动迟滞等。

双相情感障碍比抑郁症少见得多，但表现出更多的功能失调。双相情感障碍患者会在躁狂阶段和抑郁阶段反复切换。躁狂阶段中，个体精神亢奋、活动过度、讲话滔滔不绝，睡眠需要很少；过分乐观，自尊心高涨，觉得自己无所不能；如果被告诫，或者受到反对，则极易被激怒。

但是这种状况持续不了很久，长则月余，短则半天，兴高采烈的情绪就会消耗殆尽，情绪就会一路下跌到抑郁状态，表现出类似于抑郁症的状况。较轻度的躁狂状态会激发出奔逸的思维和创造力。历史上，许多富有创造力的艺术家、作曲家、作家和演奏家都有双向情感障碍，许多著名的作品就是在躁狂状态下完成的。

生活中的心理学——天才与疯子之间

2022 年年初，《我们的天才儿子》一文刷屏网络，一位八旬父亲讲述了他患双相情感障碍的儿子的故事。揭开了一位不为人知的天才翻译家金晓宇和他父亲金性勇的真实人生。

金性勇原本拥有一个和谐美满的家庭，夫妻都是高级知识分子。大儿子在 20 世纪 80 年代就考上了复旦大学，而小儿子金晓宇却因为眼睛受伤，随后被确诊为躁狂抑郁症患者。在饱受疾病折磨的日子里，翻译成为金晓宇和命运抗争的唯一武器。十年来，他翻译了英语、日语、德语共 22 本著作，横跨小说、电影、音乐、哲学等多个领域，他读了浙江图书馆几乎所有外语小说，拿到了浙江大学英语系的自考毕业文凭。

金晓宇的故事让很多人更加相信，原来“天才”和“疯子”真的只有一线之隔，开始把躁郁症和“天才”联系，甚至搬出很多躁郁症的名人，例如贝多芬、梵高、牛顿、海明威等，认为当他们达到躁狂状态时，可以做到几天不睡觉，高度兴奋，灵感迸发，这是一种绝佳的创作状态。甚至有患者因为沉迷这种“天才”状态，选择停止服药。其实，躁郁症患者发病时可能出现的灵感或创造欲大多只是昙花一现，他们无法长时间专注于一件事。金晓宇的“天才”表现不是因为他的躁郁症，而是因为他自己和家人的不放弃，以及长达数十年的努力。机会从来是留给有准备的人，翻译是他苦难深渊里的一束光，他不服输的劲头、和命运对抗的勇气，让他成为大家眼中的“天才”。

心境障碍为什么会发生呢？目前研究者的观点主要包括生物学观点和心理学观点两大阵营。

生物学观点认为，情绪是“来自基因的明信片”。心境障碍有基因的基础。许多基因都对它的形成有一些细微的影响，当这些影响结合在一起时，就会使个体抑郁的可能性大大增加。表现在家族中，同卵双生子中的一个罹患抑郁症，那么，另一个在某个时候患抑郁症的可能性是50%；假如同卵双生子中的一个患上双相情感障碍，那么另一个在某个时候得双向情感障碍的可能性为70%；而在异卵双生子之间发生相应情况的概率在20%以下（Tsuang & Faraone，1990）。同卵双生子之间这样的高相关，即使在被分开抚养的情况下也同样存在（DiLalla，1996）。

情绪障碍发生时，大脑内的激素分泌产生了明显变化。躁狂时，患者体内的去甲肾上腺素的含量过多，而抑郁时，体内的5-羟色胺也会含量低或者不活跃。因此，缓解躁狂症状的药物治病的原理就是减少去甲肾上腺素的含量，治疗抑郁的药物则刚好相反，倾向于增加去甲肾上腺素和5-羟色胺的含量。跑步等体育锻炼可以增加5-羟色胺的含量，因此，对于抑郁症患者而言，如果能促使其走出家门，走进运动场，对于其缓解抑郁症状将大有裨益。

除了生物学的影响，后天社会环境也同样会起作用。不同流派的心理学家从各自角度出发对抑郁症和双相情感障碍等进行了解释。行为主义心理学家塞里格曼（Seligman）认为，动物模型中“习得性无助”现象和人类临床抑郁症是相似的。简单地说，当一只狗在接受回避训练的时候，它会很快学会要通过移动来躲避电击；但如果电击是不可避免的，也就是无论如何躲避，都要遭受痛苦时，狗的反应完全不同。它不再尝试逃跑，而只会被动地接受电击。基于这种理论，他提出了抑郁是强化相倚原则的一种具体表现，即在抑郁症的患者的生活中，无法躲避的惩罚可能是其患病的一种原因。

持有进化理论的心理学家则认为抑郁症也有其进化的合理性。贝克（Beck）认为，可以用返祖现象来解释抑郁症。在早期的人类环境中，抑郁可能是具有适应性的，只是在今天适应性下降了。抑郁症患者的那些长期的、明显的负面认知偏见，在一些情景中对生存是有益的，因而得到进化。尼斯（Nesse）认为，情绪低落和抑郁症具有的适应性质和功能，主要表现在：通过交流表达需要，获得帮助；发出社会等级冲突中自身处境的信息；促使个体从无法达成的目标中脱离出来；调节精力投入模式，避免损失或浪费精力。

精神分析学家则认为，患有抑郁症的人有强烈的自恋需求和不稳定的自尊。当失去所爱的人或物，或不能达到预期的目标时，他们会愤怒地反抗，然后通过用超我惩罚自我的方式来试图恢复他们的自尊。抑郁的倾向来源于早期的童年创伤经历。科恩（Cohen）研究了 12 个双相情感障碍患者的家庭背景，然后将此类患者的典型家庭情况描述为：双亲中母亲强势而稳定，并且对自己的丈夫持轻视的态度。家庭中，父母感受到强烈的社会身份差异，并且想要通过提高经济水平或者取得其他成就来提高自己的社会地位。为了实现这一目标，父母对孩子的行为高标准、严要求，孩子也早早地承担起父母的期望，接受父母和社会的普遍价值观，努力取得分数以及其他的一些成就来安慰父母并赢得认可。这使得他们在成年之后，表现出传统的独裁主义态度、传统观念和刻板的成就价值取向，而内在化的成就动机则比较缺乏。

持有社会认知观点的心理学家探索了人们的假设和预期如何影响他们的认知，进而促进了心境障碍的发生。抑郁人群透过低自尊的“黑色眼镜”看待生活，他们对自己、情境和未来都持有强烈的负面假设，这导致他们会忽视自己的积极经历、积极感受，将所有的注意力都集中在糟糕的体验和消极经历上。为什么会这样呢？有研究认为，这与过度思考或反刍思维（Rumination）有关。反刍思维有积极的一面，即帮助人们有目的地专注于某个问题，维持注意力的额叶区的持续放电；但当反刍变得没完没了，自我关注的反刍思维让人们深陷在消极思维当中难以自拔，进而对生活中的其他事物视而不见，这就会造成抑郁。

此外解释风格，也就是归因（Attribution）会影响人们对于失败的判断。考试失利，这对任何人都是一个挫败，但如果将其归因于外部或其他人，你更有可能感到生气；而如果将之归咎于自己，你可能会认为自己很笨，并感到抑郁。当不好的事情发生时，抑郁的人倾向于责怪自己，他们会用稳定、普遍和内化的语言解释不幸，这种悲观、过度泛化、自我关注和指责的结果可能加强抑郁的绝望感。

情绪管理

提到情绪管理，有的人会将它与情绪控制画等号；还有人认为，情绪管理的本质就是“忍耐”。只要憋着不发脾气，就是情绪管理。这其实是对情绪管理的误解。情绪管理并不是让所有人都变成“受气包”，忍常人所不能忍，而是要用合适合理的方式疏导情绪，化万物于无形。情绪管理的方法多种多样，每个人可以根据自己的实际情况和个人偏好选择适合自己的方法，常见的情绪调节方法包括合理宣泄、音乐疗法、静观和内省、暗示调节法，等等。

师说心语——如何让自己快乐起来？

什么样的人生才是快乐的人生？有人说，家资丰厚、富可敌国的大贾巨富的一生才是最快乐的人生；有人说做自己想做的事，随心所欲才是最快乐的人生；还有人说，活着就是人生最大的快乐。其实，快乐是一种能力，它并非来自别人的施舍，它来自自己的心态和行动。快乐有方法，请观看视频“如何让自己快乐起来”。

合理宣泄

情绪上的矛盾和不满如果长期郁结在心中，就会影响脑的功能或引起身心疾病，致使人不能正常有序地生活。情绪上出了问题，如果将它说出来，心情就会有所缓解，因此表达能起到一定的情绪安定的作用。我国古代文人骚客在感时伤怀、怀才不遇、思念故人或内心愤懑时常常会通过写诗来抒发内心的情感，这实际上也是一种情绪调节的方法，如苏轼在思念亡妻时写下了“十年生死两茫茫，不思量，自难忘”的词句，表达了对已故妻子的思念和伤痛之情。有研究显示，人在生气愤怒时会伴有血压升高的现象，如果愤怒的情绪得到适当缓解，血压就会降下来，但如果找不到情绪的宣泄口，愤怒一直郁积在心中，血压难以下降，久而久之，可能影响身体健康。

除了倾诉，哭泣、流汗、大喊都是宣泄的途径。世界卫生组织和联合国人口组织多年的调查统计表明，男性平均寿命比女性短 5 ~ 10 年，而且在一些国家，这种差别还在逐年上升。除了一些生理上的原因外，这与男性不善于利用哭泣的方式缓解情绪压力也有一定关系。通过跑步等运动流汗也是一种宣泄的方式，但在使用时一定注意及时，在感受到情绪压力的当天运动流汗效果最佳。

情绪需要宣泄，但宣泄的方式一定要合理。无论采取何种方式，都不能伤害自己和他人。心中的不良情绪不要压在心里，但也不能迁怒身边无关的人，有些极端的人会通过自残甚至自杀的方式宣泄自己，这些都是万万不可的。

师说心语——智商和情商哪个更重要？

情商的全称是情绪智力商数，它用了一种数量化的方式，表现一个人对自己和他人情绪的识别、理解和处理的能力。当然，要想影响他人，首先管理自己。能够采用合适、合理、有效的方式疏导自己的坏情绪是高情商的最基本要求。除此之外，还要准确识别他人的情绪，并能有针对性地做出反馈，营造良好的人际关系。那么，如何才能成为一个高情商的人呢？请观看视频“智商和情商哪个更重要”。

音乐疗法

音乐疗法就是指用情绪色彩鲜明的音乐控制和调节情绪状态的方法。音乐作为一种艺术，是人的情绪情感表达的一种方式，音乐的曲调和节奏不同，会使人产生不同的情绪体验。当人情绪烦躁压抑时，柔和舒缓的音乐可以令人放松。像《春江花月夜》《空山鸟语》《雨打芭蕉》《渔舟唱晚》《卡门序曲》《莫扎特小夜曲》《舒伯特小夜曲》《柴可夫斯基小夜曲》《舒曼梦幻曲》等都是不错的选择。尤其要注意音乐的节奏应该保持在一定范围内，节奏过慢的音乐容易令人昏昏欲睡，节奏过快、过强的音乐容易引起人的疲劳和紧张。

现代医学表明音乐能调整神经系统的机能，陶冶情操，消除抑郁、焦虑、紧张等不良情绪。在国外，音乐调节已经被应用到了外科手术和精神病、抑郁症和焦虑症等病症的治疗上。

静观和内省

孔子说过“见贤思齐焉，见不贤而内自省也。”曾子也倡导“吾日三省吾身”，实际上，内省并不仅仅是反省自身的不足，也可以用于不良情绪的调节。

采用静观内省的方式调节不良情绪时，要选择一个自己认为安静舒适的环境，或坐或卧，慢慢地调节呼吸放松身体使内心平静下来，让自己的思绪自由流动。这时如果可以配合使用一些薰衣草精油，效果会更好。进入这种状态后，回顾一下自己为何会产生焦虑、紧张、愤怒等不良情绪，不要急于找出原因，而是慢慢地回想和分析是怎样的原因和事件导致了自己的不良情绪。一旦找到情绪的导火索，再通过自己的思维和行为方式进行调整，逐渐克服自己的不良情绪。

当然，生活中人在内省时常常被他人看作“发呆”，甚至受到讥笑。实际上生活中偶尔发呆十分必要，现在的生活节奏非常快，我们更应当找一个时间让自己的内心平静下来，叩问自己的内心，使身心更加积极健康地发展。

暗示调节法

暗示调节法是通过内心的主观想象，并相信它能引起相应的生理、心理变化来进行自我刺激的自我心理疗法。暗示调节法的实质是自觉地诱发积极良好的心理状态，并使其保持稳定，从而改变消极、不良的心理状态，产生良好的心理激励与平衡作用。暗示调节法可用语言、情境、睡眠等方式对自己进行暗示。例如发怒时在心中告诫自己："生气也没有用，冷静下来，找出原因才是正途!"消极倦怠时暗示自己："我很优秀！我是最棒的!"

暗示的过程中最好运用想象，这通常比运用自我意志调节的效果要好。比如晚上失眠难以入睡时，通常越敦促自己赶快睡觉越难以进入睡眠状态，这时如果想象自己处在一个十分安静而舒适的环境中，告诉自己："过了这么久没睡着也没关系，这很正常，我慢慢躺着就行。"这样反而可能入睡得更快更好。

除了上述情绪调节的方法外，还有许多有效的方法，如呼吸调节法、表情调节法、认知训练法，等等。每个人个性、生活习惯等不同，适合自己的方法也有差异。没有一种方法是"万全之策"，适合所有人，所以要不断尝试，找到适合排解心中不良情绪的最佳方法，用积极乐观的情绪和精神状态拥抱生活。

本节思考题

1. 分析压力对人身体健康的积极影响和消极影响。
2. 简述人格特征对压力感受与疾病的影响。

实践项目

请回忆最近在你生活中发生的消极事件或情境，然后谈一谈，在感知事件或情境时，怎样的归因有利于你降低压力，找回幸福。

第三节　情感例说——爱情

课前思考

青春偶像剧为什么能够经久不衰，受到大批观众，尤其是女性观众的热捧呢？仔细分析不难发现，青春偶像剧向来离不开爱情这个亘古不变的话题。偶像剧中的爱情可以说满足了女生对爱情的一切想象：英俊帅气的男主角，多金且深情，隐忍且专一，博学且浪漫。而女主角则大不相同，不仅平凡无它，甚至可以用“穷疯丑”来形容。故事的情节也不外乎从开始男女主角的相互讨厌逐渐发展到心生爱慕，这其间还掺杂了男二号和女二号的打击破坏，直到后来两个主角突破重重阻挠热烈相爱，最后遗恨天涯。为什么要这样设计呢？因为这样的人物背景极具代入感，可以让电视机前的女孩子们产生“平凡如我，也可以遇到这样的白马王子”的错觉。同时这样的剧情设计符合了人们看到“屌丝逆袭”的心理预期，满足了人们看到社会阶层突破边界的流动的愿望。这样的分析似乎显得有点残酷，但是早一点看透爱情的本质，但依然保持热爱却是我们对爱情该有的态度。浪漫的爱情真的不可能发生在现实生活中吗？完美的爱情到底要具备哪些因素？带着这些问题，请开始本节的学习。

爱情三因素理论

美国心理学家罗伯特·斯腾伯格提出了“爱情三角形理论”，认为完美的爱情包括三个因素，它们分别是亲密、激情和承诺。三个成分构成了一个三角形，当然，“三角形”只是一个比喻，而不是绝对意义上的几何图形，三个因素在顶点上的位置是任意的（见图 4.2）。

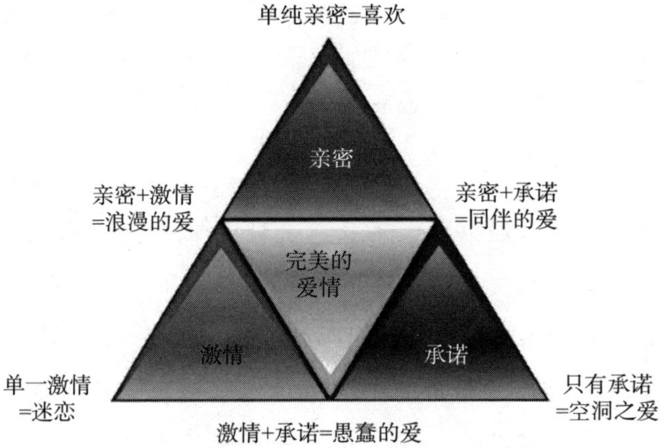

图 4.2　斯滕伯格“爱情三角形”理论

爱情三角形理论中的亲密、激情和承诺三个因素分别描述了爱情的一个方面。亲密是指爱情关系中亲近、连属、结合等体验的感觉，因此亲密这一因素主要包括爱情关系中能够促进温暖关系的感觉。亲密主要包含 10 个要素，分别是：渴望促进被爱者的幸福；跟被爱者在一起时感到幸福；对爱人高度关注；在需要帮助时能指望爱人；与爱人互相理解；与爱人分享自我与所有；从爱人那里得到情感上的支持；为爱人提供情感支持；与爱人亲密交流；肯定爱人的价值。

激情是指引发浪漫之爱、身体吸引、性完美以及爱情关系中相关现象的驱动力。激情是一种“强烈地渴望跟对方结合的状态”。通俗地说，就是见了对方，会有一种怦然心动的感觉，和对方相处，有一种兴奋的体验。性的需要，是引起激情的主导形式，其他因素，包括自尊、照顾、归属、支配、服从也是唤醒激情体验的源泉。

激情可以是积极的，也可以是消极的。积极的激情能激励人们克服艰难险阻，攻克难关；消极的激情则会对正常活动具有抑制作用或引起冲动行为。具有正确的思想认识、高尚的道德品质和坚强意志的人能控制自己消极的激情。

承诺从短期讲是指一个人决定爱另一个人；从长期讲，是指一个人维持爱情的承诺。人们常说的“执子之手，与子偕老”就是一种长期的承诺。长期和短期的承诺不一定同时存在，一个人可能在不承诺长久之爱的前提下决定爱一个人。

爱情三角形中的这三个因素互相影响，如更高程度的亲密会导致更高程度的激情或承诺。总之，三个因素既相互独立，又相互影响。这三个因素都是爱情的重要组成部分，但对于不同的爱情关系或是一段关系的不同时间阶段，每一个因素的重要程度是不同的。

师说心语——什么才是完美的爱情

曾几何时，“舔狗”一词成为年轻人的口头禅。它不是指人类对宠物的恩养，而是形容两性关系中，明知道对方不喜欢自己，还一再毫无尊严和底线地去讨好对方。曾经在“知乎”上有一个问题：“舔狗可以有多卑微”？在这个问题之下，有几千个人回答，几千万的浏览量；其中的“舔狗”既有男性，也有女性。在这个问题之下，我发现了这些“狗子”们的一些想法：你喜不喜欢我不重要，重要的是我爱你就足够了，我为你做的，都是我心甘情愿的。似乎在这些“狗子”们看来，只要“舔”得够勤快、够用心，对方就终会放下成见，修成正果。“舔狗”能够“舔”出爱情吗？请看视频“什么才是完美的爱情”。

爱情的三个因素通过组合可以构成八种不同类型的亲密关系，但是，只有三种因素全部齐备，才是完美的爱情。“无爱”是指爱情的三个因素都缺失。单一的某一因素形成的爱情类型中，“喜欢”是指单纯感受到亲密，如同性友人之间形成的关系；“迷恋”是指单纯的激情，如一些追星族对明星的感情；只有承诺的爱情是“空洞之爱”，例如封建社会青年男女听从“父母之命媒妁之言”，与一个没有感情基础的人走入婚姻，有承诺，但缺乏亲密和激情因素的支撑。

此外，三种因素两两组合，还会形成另外三种亲密关系：亲密和激情的组合形成的是“浪漫之爱”，但这种爱情缺少承诺，很难持久；亲密和承诺的组合形成的是同伴的爱，当爱情发展为亲情时，虽然没有激情四射，但朝夕相守，稳定平和就是“同伴爱”的体现；而除去亲密，激情与承诺组合而成的是“愚蠢的爱”，很多由于地理位置阻隔而出现的“异地恋”“异国恋”，常常不能修成正果，也是缺乏亲密造成的。

三角形是最稳固的图形，缺少了任何一个顶点，都会变成度数任意的夹角，且极不稳定。斯腾伯格之所以把具备三个基本要素的爱情称为完美式爱情，是因为建立一段稳定、持续的爱情需要恋爱双方用毕生的精力去培育和呵护，那将是一项贯穿人生的浩大工程。然而，单纯具备这三个要素并不意味着爱情就会成为现实，现实中的爱情需要更多的努力来调节这三者的关系。爱情不是一件容易的事情，有人认为爱是一种能力，并非天生就有，而是需要不断的锻炼和实践才能培养出来。

爱情经济论

生活中的心理学

一个年轻漂亮的美国女孩在美国一家大型网上论坛金融版上发表了这样一个问题帖：我怎样才能嫁给有钱人？女孩的帖子如下：

我下面要说的都是心里话。本人25岁，非常漂亮，那种让人惊艳的漂亮，谈吐文雅，有品位，想嫁给年薪50万美元的人。你也许会说我贪心，但在纽约年薪100万美元才算是中产，本人的要求其实不高。

这个版上有没有年薪超过50万美元的人？你们都结婚了吗？我想请

教各位一个问题——怎样才能嫁给你们这样的有钱人？我约会过的人中，最有钱的年薪25万美元，这似乎是我的上限。要住进纽约中心公园以西的高档住宅区，年薪25万美元远远不够。我是诚心诚意来请教的。有几个具体的问题：1. 有钱的单身汉一般都在哪里消磨时光？（请列出酒吧、饭店、健身房的名字和详细地址）；2. 我应该把目标定在哪个年龄段？3. 为什么有些富豪的妻子看起来相貌平平？我见过有些女孩，长相如同白开水，毫无吸引人的地方，但她们却能嫁入豪门，而单身酒吧里那些迷死人的美女却运气不佳；4. 你们怎么决定谁能做妻子，谁只能做女朋友？（我现在的目标是结婚）

——波尔斯女士

一位华尔街的金融家看完此帖后，从经济学的角度给予回帖：

亲爱的波尔斯：我怀着极大的兴趣看完了贵帖，相信不少女士也有跟你类似的疑问。让我以一个投资专家的身份，对你的处境做一分析。我年薪超过50万美元，符合你的择偶标准，所以请相信我并不是在浪费大家的时间。

从生意人的角度来看，跟你结婚是个糟糕的经营决策，道理再明白不过，请听我解释。抛开细枝末节，你所说的其实是一笔简单的“财”“貌”交易：甲方提供迷人的外表，乙方出钱，公平交易，童叟无欺。但是，这里有个致命的问题，你的美貌会消逝，但我的钱却不会无缘无故减少。事实上，我的收入很可能会逐年递增，而你不可能一年比一年漂亮。因此，从经济学的角度讲，我是增值资产，你是贬值资产，不但贬值，而且是加速贬值！

你现在二十五岁，在未来的五年里，你仍可以保持窈窕的身段，俏丽的容貌，虽然每年略有退步。但美貌消逝的速度会越来越快，如果它是你仅有的资产，十年以后你的价值甚忧。用华尔街术语说，每笔交易都有一个仓位，跟你交往属于“交易仓位”，一旦价值下跌就要立即抛售，而不宜长期持有——也就是你想要的婚姻。听起来很残忍，但对一件会加速贬值的物资，明智的选择是租赁，而不是购入。年薪能超过50万美元的人，当然都不是傻瓜，因此我们只会跟你交往，但不会跟你结婚。所以我劝你不要苦苦寻找嫁给有钱人的秘方。顺便说一句，你倒可以想办法把自己变成年薪50万美元的人，这比碰到一个有钱的傻瓜的胜算要大。

希望我的回帖能对你有帮助。如果你对“租赁”感兴趣，请跟我联系。

——罗波·坎贝尔（J. P. 摩根银行多种产业投资顾问）

相信金融专家的回复一定让年轻貌美的波尔斯女士倍感沮丧。从经济学的角度上讲，爱情实际上就是一场交易。

对于这样的说法，可能很多人首先想到的就是钱色交易、权色交易。比如女星嫁入豪门、官员利用职权包养诸多情妇等。似乎爱情一旦与“交易”扯上关系，都蒙上了些许不光彩的面纱。这纯粹是对“交易”一词内涵的窄化，是对“爱情交易”观点的误读。

从经济学角度来看，两性从认识到共结连理，基本上属于一种经济交换过程。恋人根据自己的条件或社会资源来选择可供交换的对象，务求在交易中获取最大的利益和满足感。这里的条件和社会资源包括了大多数人理解的相貌、经济条件、社会背景等，更包括了恋爱双方本身所具有的个人资源，如学识、个性、责任心、发展潜力等。在恋爱的初期，男女双方可能会被一些外在因素所吸引而走到一起，而一旦浪漫期一过，能将爱情维持长久的则是双方手中各自的“资源”。

师说心语——爱情是一场交易吗？

如果将爱情与交易画上等号，一定会被那些奉行“爱情至上论”的人们鄙视到墙角。但是，无数事实证明，势均力敌的爱情才能长久。只不过，这里的“势均力敌”并非仅仅关乎财富，更关乎恋爱双方的综合资源。请看视频“爱情是一场交易吗”。

在资源力量对比过程中，交换双方渴求“公平”。如果对方手中的资源量与自己相当，天平保持平衡，爱情关系得以维系。如果双方资源量相当，且内容互补，则更加有利于爱情关系的维持。而一旦天平失重，要么压断爱情杠杆，要么一方要付出更多的代价来弥补重差。所以，“门当户对”在新时代依然具有一定合理性，只不过这里的“户对”指的是“资源”的对等，而非旧含义中特指的身份和地位。

美国心理学家 Rusbult 为增加男女亲密关系中的“承诺度”开出了处方。他认为，爱情能否长久取决于双方对这段关系的承诺度，而承诺度则是由满意度、替代性、投资量三因素所共同决定。根据投资模式的预测，当亲密关系中的个体对关系有较高的满意度、知觉到较低的替代性、投资了较多或较重要的资源时，便会对此亲密关系做出较强的承诺，也就是较不易离开此关系。也就是说，男女之间对双方现有关系表示满意，并觉得对方无可替代，以及为这段关系投入了许多感情和精力的情况下，爱情比较稳固。简单来看，可用一个公式加以说明：

满意度 − 替代性 + 投资量 = 承诺度

承诺度是指使个体去设法维持这份关系，以及感觉依附在此关系中的程度。当个体对一段关系进行承诺后，不仅代表双方想要维持这种关系，也会促进个体做出种种有利于维持这种关系的行为。例如会尽量避免和抵制与具有吸引力且容易破坏现有关系的异性见面接触的机会；自愿为维持此关系做出一定的付出和牺牲；妥善解决关于嫉妒及恋爱中第三者的问题等。

满意度是指亲密关系中的个体，会不断评估自己在此关系中所获得的报酬及付出的成本。随着关系的深入，将伴侣的付出与回报也纳入计算，根据以往自身和亲友的经验对关系中的结果有一个预期的设想，将实际结果与预期对比，实际结果越好，预期水准越低，则满意度越高。例如一个男子与一位相貌平淡无奇的女子约会，在一开始并没有对其抱有太高的期望，但随着接触的深入，男子发现女孩子身上有很多自己看重的优秀品质，这大大超过了他的心理预期，这种情况下爱情满意度较高。

替代性是指对放弃这段关系的可能结果判断好坏。这种可能结果包括结束这段关系开启另一段新的关系，或是选择没有任何亲密关系的单身状态。恋爱中的一方如果发现自己一旦与当前恋爱对象分手，找到一个同样好的人比较困难，或者保持单身状态并不比当下更幸福，那么，就意味着恋爱对象是难以替代的，这有助于承诺度的提高。

投资量是指个体在亲密关系中所投入或形成的资源。“投资”与报酬或成本有两处最大的不同：一是“投资”通常不能独立地从关系中抽取出来，而报酬与成本可以；二是当关系结束时，“投资”无法回收，而会随着关系的结束一并消失。因此投资会增加结束关系的成本，使个体较不愿也不易放弃此关系。如双方共度的时光、共同的朋友、一起经营的生意，甚至共同的孩子都可能成为爱情关系中的“投资”。

总之，要想使一段感情维持长久，要做的就是全方位打造、提升自己，从而增加自己手中的“资源”量，不使重差失衡。同时增强爱情的满意度，降低自己的替代性，增加共同的投资量，最终获得“白头到老”的幸福。

爱情的生理反应

网络上流行这样一段话：“荷尔蒙决定一见钟情，多巴胺决定天长地久，肾上腺素决定出不出手，自尊心决定谁先开口。最后，寿命和现实决定谁先离开谁先走。”这段话幽默地揭示出了各种激素在爱情中的作用。

美国著名的科普杂志《发现》月刊发表了一篇关于破解爱情秘密的文章。文章中提到，像所有的情感一样，爱情源于大脑。我们感受到爱的激情来源于大脑中特定的神经化学物质。

早在 20 世纪 80 年代，神经内分泌学家休·卡特就在研究中发现，大草原田鼠是一种“忠贞”的动物，雄鼠与雌鼠交配之后，一般不再与“第三者”发生性关系。要知道，在动物界只有 5% 的动物遵循“一夫一妻”制，这引起了科学家的极大兴趣。经进一步研究发现，田鼠的爱情来自大脑中脑下垂体分泌的一种激素——后叶催产素。卡特给田鼠的大脑注入一种抑制后叶催产素产生的化学物质，阻断后叶催产素的分泌，结果田鼠的生活方式发生了变化：它们立即抛弃了曾经深爱过的伴侣，胡乱交配。

与此相反，那些大脑中注入后叶催产素的雌田鼠，在择偶时不再像以前那么挑剔，一旦确定关系，就对“丈夫”忠心耿耿，对其他田鼠视而不见，颇有点“我的眼里只有你”的味道。

知识加油站——卡皮兰诺和吊桥实验

1974 年，著名情绪心理学家阿瑟·阿伦在温哥华的卡皮诺拉吊桥上做了一个实验。阿伦请到一位漂亮的女性作为研究助手。女助手按照阿伦的要求首先来到了这座全长 450 英尺，宽 5 英尺，仅靠 2 条粗麻绳悬挂于卡坡拉诺河河谷上空的吊桥上。她要站在这座与地面相距 230 英尺的悬吊桥中央，在动人心魄的摇摆中，对那些参加实验的男青年在吊桥上进行问卷调查。但实际上，这个问卷调查是为了避免有人猜到这个实验的目的所设的烟幕弹。接着，女助手通过与这些男性聊天的方式，让他们为一张照片编个故事。最后，每个参加实验的男性都得到了这位女助手的电话，并被告知可以通过打电话得到问卷的结果。同样的实验在另一座横跨小溪，坚固而低矮的石桥上再次进行。心理学家想知道的是：两种情境下，这些男性会编出什么样的故事，谁会在实验后给漂亮的女助手打电话？

实验结果显示，走过卡皮诺拉吊桥的男性中，大概有一半的人后来给实验的女助手打过电话，而通过那个坚固而低矮的小桥的十六位男性中，只有两位给实验的女助手打过电话。与这组相比，吊桥上的男性所编的故事中，也含有更多情爱的色彩。

两组实验为什么会有这样悬殊的结果，难道爱情的产生与地点有关系吗？原来当人们产生某种情绪时，都会发生生理的变化。对这种变化的原因，主要是因为站在高空吊桥上的男性普遍会出现体温升高、心跳加速的生理反应，这种生理反应的出现到底是由于对吊桥的恐惧还是对漂亮女助手的意乱情迷，估计他们自己也很难分清。对于吊桥上那些回电话的男性中的一部分人来说，是摇摆的吊桥使他们心跳过速，而他们却有意无意地误认为这是擦燃了爱情的火花，自己的心开始为一个女人狂跳。

从这个角度考虑，如果要获得异性的芳心，不妨带你喜欢的人一起去吊桥或者其他较高的地方，共同感受那种心跳加快的感觉。如果实在找不到合适的地方，去游乐园一同乘坐过山车也是不错的选择。更简单的方法就是一起看恐怖电影，说不定从影院出来，两个心有余悸人的手已经紧紧扣在一起了。

师说心语——爱她就带她去走吊桥吧

如果要获得异性的芳心，不妨带你喜欢的人一起去过吊桥或者其他较高的地方，共同感受那种心跳加快的感觉。如果实在找不到合适的地方，去游乐园一同乘坐过山车也是不错的选择。更简单的方法就是一起看恐怖电影，说不定从影院出来，心有余悸的两个人，手已经紧紧扣在一起了。请观看视频“爱她就带她去走吊桥吧”。

人类的爱情是否也和后叶催产素有关呢？科学家通过对人体的研究发现，人类的情爱活动与 3 种基因有关，这 3 种基因分别促使身体分泌多巴胺、苯乙胺和后叶催产素。后叶催产素与内啡肽有协同作用，前者启动依恋他人的愿望，后者则提供与爱人在一起时那种温暖陶醉的感觉。因而，也有人把后叶催产素称为“爱情激素”“恋爱兴奋剂”。

关于爱情的生理反应的另一种说法是由于苯异丙胺的作用。苯异丙胺是一种神经兴奋剂，它将爱情分成了两个阶段。第一阶段是亢奋阶段。茫茫人海中两人相遇，或一见钟情认定彼此，或细水长流慢慢培养，大脑里终于分泌出苯异丙胺，于是“情人”就产生了。苯异丙胺使人精力充沛，注意力集中，热情似火。它还会使人产生偏见，也就是所谓的“情人眼里出西施”。但苯异丙胺的分泌不是永久的，一般 5 年到 7 年就消失殆尽。激情不再，生活趋于平淡，“七年之痒”的爱情危机就到来了。但是不要担心，大部分人此时会产生另一种名为吗啡的物质，于是，爱情就进入了第二阶段，安定阶段。吗啡是一种神经麻醉剂，它能产生镇静作用，克服焦虑、紧张、恐惧等情绪，提高人们对消极感受的耐受作用。表现在行为上，虽然婚姻生活并非一帆风顺，但身处其中的人们似乎多了一份淡定和从容，少了激情四射，但多了稳定和谐、白头到老的安全感，这也是个不错的结局。这样看来，所谓“婚姻是爱情的坟墓”仅仅关注了爱情的第一阶段，所下的论断也有失偏颇了。

爱情引起的生理反应不止这些。人们常说的“夫妻相”也有其生理学和心理学的依据；当一对恋人互相凝视时，他们的心率也会逐渐趋于同步；在生病或者痛苦时，重要的人在场对患者的康复有很大帮助，而爱人的照片也能起到相同的效果。

爱情中的心理效应

各抒己见——“闪婚”靠谱吗？

不知从何时起，“日久生情”这个词沦为陈词滥调，有一群人可以三分钟一见钟情，五分钟谈情说爱，七分钟私定终身，他们被称为“闪婚族”。“闪婚”靠谱吗？有人说靠谱！“闪婚”既节省了金钱又节约了时间，同时感情上还得到慰藉，是两全其美的事情。而且两人刚见面就爱上对方，那种电光火石飞溅的感觉实在太刺激了；也有人说“闪婚”不靠谱，初见面时的怦然心动很大程度上是外表的吸引，至于个性、价值观是否合适都是未知，一旦激情过去，就只剩下后悔与遗憾了。“闪婚”的结果就是“闪离”，一拍即合的结果就是一拍两散。那么，闪婚到底靠不靠谱，一见钟情是否是真感情呢？

自愿“闪婚”的男女大多受到了首因效应和晕轮效应的影响。首因效应又称为第一印象效应，是指个体在社会认知过程中，通过“第一印象”最先输入的信息对客体以后的认知产生的影响作用。第一印象的作用最强，持续的时间也长，且不易改变。这就是为什么我们在重要的约会、面试前会装扮自己，希望给对方留下一个好印象。

晕轮效应又称为光环效应，就像光环笼罩下难以全面地看到对方，当认知者对一个人的某种特征形成好或坏的印象后，他还倾向于据此推论该人其他方面的特征。晕轮效应实际上是一种以偏概全的认知偏差。男女双方初次见面，由于首因效应双方都互相留下了很好的印象，并且这种好感持续不断，挥之不散。又由于晕轮效应将对方的优点不断放大，以至于看见对方的所有表现都觉得好，认为对方就是自己苦苦寻找、命中注定的伴侣，从而迅速决定步入婚姻的殿堂。一些人在“闪婚”后又发生“闪离”，迅速解除婚姻关系，就是婚后首因效应和晕轮效应的效果退却，客观地看待对方后颇感失望，发现两人并不合适，从而最终分开。

“闪婚”代表着一见钟情，与之相对的就是日久生情。老一辈的人由于环境所限，通常并没有过多的恋爱经历，许多都是见一面就结婚，但数十年来也一直相濡以沫、相互扶持。心理学上将之称为“多看效应”。20世纪60年代，心理学家查荣茨做过这样一个实验：他向参加实验的人出示一些人的照片，有些照片出现了二十几次，有的出现十几次，而有的则只出现了一两次。之后，请看照片的人评价他们对照片的喜爱程度。结果发现，参加实验的人看到某张照片的次数越多，就越喜欢这张照片。也就是说，看的次数增加了喜欢的程度。恋爱和婚姻中长期的相处，朝夕相对，喜欢的程度也自然增加，感情也会越来越深厚。

当然，这里并不是说恋爱时间越长两个人的感情就一定越深厚。心理学家已经发现，恋爱时间保持在两年左右比较合适，不建议超过三年。时间太短不容易全面认识对方的个性、品德与价值观等，时间太长则过于熟悉，磨灭了激情，没有了新鲜感。

除此之外，在恋爱过程中，还有其他一些心理效应。“罗密欧与朱丽叶效应”就出自莎士比亚的经典名剧《罗密欧与朱丽叶》。男女青年罗密欧与朱丽叶真心相爱，但由于双方家庭是世仇，他们的爱情遭到了极大的阻碍。但压迫并没有使他们分手，反而使他们爱得更深，最终为了捍卫忠贞的爱情，他们双双自杀殉情。由此，心理学家提出了“罗密欧与朱丽叶效应”，即当出现干扰恋爱双方爱情关系的外在力量时，恋爱双方的情感反而会加强，恋爱关系也因此更加牢固。

随着网络上社交软件的发达，“网恋”也逐渐成为一种新的恋爱方式。为什么仅仅在网络上聊一聊天，甚至没见过面就能爱得如火如荼呢？实际上，网恋是心理上的“投射效应”在发挥作用。投射效应简单来说有点类似“以己度人”，是把自己的感情、意志、特性投射到他人身上的一种认知偏差。在人际认知过程中，人们常常假设他人与自己具有相同的需要、爱好或倾向等。网恋中人很大程度上喜欢上的是自己想象中的对方，对方的个性特点、品性等都是自己依靠网聊过程中的蛛丝马迹“捕捉”来的，带有强烈的主观色彩。所以很多网友“见光死”也就不奇怪了。

生活中的心理学——恋爱中的投射效应

经典电影《唐伯虎点秋香》中有这样一个桥段。唐伯虎因为对秋香心生爱慕，就化名混入华府当差，并找机会向秋香表白心意。没想到遭到秋香的断然拒绝。唐伯虎说：“既然这样，秋香姐你何苦对我三笑留情？”秋香有点吃惊，反问说：“有吗？我有对你笑吗？就算我真是对你笑，不过笑你是个白痴！”其实，这正印证了心理学中的“投射效应”。因为唐伯虎内心充满对秋香的爱恋，所以，哪怕看到秋香的一个寻常表情，都会从中“品味”出浓浓爱意。生活中这样的例子还有很多。例如，有人在工作中遭遇了挫折，被老板臭骂了一顿，还扣了工资，满心的怨气无处发泄。回到家里看到孩子在家玩耍，弄得满屋狼藉，于是大发雷霆。表面上看，孩子弄脏屋子似乎是他发脾气的原因，但实际上，他只是把自己对老板的反抗和情绪投射到了让他觉得安全、没什么威胁的孩子身上。而在潜意识的层面，其实是希望别人看到自己的痛苦，帮助自己解脱痛苦而已。

俗话说，“衣不如新，人不如旧”，在爱情中，初恋总是最难忘记的。这在心理学上称为“蔡加尼克效应”。西方心理学家蔡加尼克做了许多有趣的试验，发现一般人对已完成了的、已有结果的事情极易忘怀，而对中断了的、未完成的、未达目标的事情却总是记忆犹新。简单来说就是人们通常想要得到自己没有的东西，对于已经得到的东西却不那么敏感。初恋总是懵懵懂懂、情窦初开，也正是由于这种不成熟，初恋都很难走到最后，因此会更加让人怀念。而实际上，人们怀念的是初恋的美好感觉和纯真时光，而非初恋的对象。倘若初恋情人真的在日后相见，体会的恐怕只能是失望了。

生活中人们将不能对爱情从一而终、见异思迁的男性称作“陈世美”，并对这种行为十分谴责。“古列治效应”解释了这一现象，这一效应认为雄性哺乳动物喜新厌旧的倾向有着深刻的生理和心理的基础。人作为高级哺乳动物，虽然也符合自然的规律，但人与一般动物的区别就在于道德和良知。所以，人对自己的要求不能降低到“动物”层面，自我约束和控制还是很重要的。

师说心语——如何正确秀恩爱

和身边的亲朋好友分享自己恋爱中的美好瞬间、讲述动人心魄的浪漫感觉，这是恋爱中的人常常喜欢做的事情。然而，这种“分享”却是一把“双刃剑”，如何才能恰到好处地秀恩爱呢？请观看视频“如何正确秀恩爱”。

爱情中还有许多其他的心理效应，包括黑暗效应——光线昏暗的地方更容易产生恋情；互补定律——性格互补的人更容易产生恋情；拍球效应——吵架时会越吵越凶等。理解了这些心理效应，才能更透彻地理解人性，坦然面对恋爱中的种种小插曲。

本节思考题

1. 简述“爱情三角形”理论的主要内容，并结合生活举例说明完美爱情的要素。

2. 请用心理学理论谈谈你对婚姻爱情“门当户对”的看法。

实践项目

请自行查找少帅张学良和他生命中的两个女人——于凤至和赵一获的资料，了解张学良和这两位女性的爱情故事，用学到的理论分析他们爱情中的“拥有”和“缺失”。

阅读文献

第五篇

千人千面话人格

第一节　复杂的多面体——人格

课前思考

有位美国记者采访晚年的投资银行一代宗师 J. P. 摩根，问："决定你成功的条件是什么？"老摩根毫不掩饰地说："性格。"记者又问："资本和资金，哪个更重要？"老摩根一语中的答道："资本比资金重要，但最重要的还是性格。"1998 年 5 月，华盛顿大学 350 名学生有幸请来世界巨富沃伦·巴菲特和盖茨发表演讲。当学生们问道："你们是怎么变得比上帝还富有呢？"巴菲特说："这个问题非常简单，原因不在智商。为什么聪明人会做一些阻碍自己发挥全部工效的事情呢？原因在于习惯、性格和脾气。"盖茨表示赞同。无论工作还是生活，性格决定命运，性格好比水泥柱中的钢筋铁骨，而知识和学问则是浇筑的混凝土。

从心理学角度看，这些成功者口中所言的"性格"，准确来讲，应该是"人格"。人格比性格包含更宽广的内涵，并且人格中除性格以外的其他特征，如价值观、信念、气质、能力等都对成功有着至关重要的影响。那么，到底什么是人格，人格包含哪些内容，人格是先天遗传获得的，还是后天习得的？有意识的培养和潜意识的影响哪个更重要？请带着这些问题，开始本节的学习。

人格释义

人格（Personality）一词来源于拉丁语 Persona，原意指希腊罗马时代戏剧演员在舞台上带的面具，它代表剧中人的身份，后来引申为使个体在不同情境和时间里保持一致的心理品质与过程。正因为它的存在，个体的行为才表现出跨越时空的一致性，而一旦出现人格障碍、人格分裂等心理问题，人格将出现明显的断裂。

知识加油站——分离性身份识别障碍

生活中，我们经常在一些悬疑剧、恐怖片中看到“多重人格”的身影。一个看似胆小怕事的模范丈夫，一到风雨交加之时，就外出杀人；有的人上班衣冠楚楚，下了班却男扮女装游荡于灯红酒绿之中……这并非电影艺术化的处理，而是现实生活中真实存在的。

“多重人格”的学名为“分离性身份识别障碍”（Dissociative Identity Disorder，DID）。是指在一个人身上存在两种或两种以上不同的身份或人格状态，每一种有自己相对持久的感知以及思考环境和自身的方式；多种身份或人格状态反复地控制着患者的行为；患者不能回忆重要的个人信息，程度远超健忘。

几乎所有的分离性身份识别障碍患者均有童年期创伤的体验。有研究者发现 100 个患者中 97% 有童年期受虐史：83% 有性虐待史，75% 有躯体虐待史，68% 有性和躯体虐待史。目前认为该病是创伤后应激障碍的一种复杂慢性的形式，由严重、重复的童年期创伤所导致。通常这种创伤始于 5 岁之前。婴儿有一种生理防御机制，使得他们在面对疼痛刺激时能通过改变成不同的意识状态来提高感觉的阈值。分离性身份障碍是一种防御的症状群，患者使用了分裂和分离的防御方式来应对创伤。大部分患者接受精神动力学或认知行为导向的心理治疗，治疗的目标是整合患者分离了的人格状态。虽然有可能治愈相当一部分的患者，但必须承认，这是一项费时费心的艰难工作。

人格的内涵、外延非常丰富，它是一个人身上经常的、稳定的表现出来的个性心理特征和品质倾向的总和，是一个人区别于其他人的独特的精神面貌和心理特征。在中国四大古典名著中，读者常常被一些各具风采的人物形象所吸引。宝玉的多情与反叛，黛玉的抑郁与聪慧，曹操的雄心与奸诈，关公的勇猛与忠诚……一个个栩栩如生的人物流传数百年。人格对于一个人的活动、生活有直接的影响，对于一个人的命运、前途也有直接的作用。探讨人格的结构对于培养健康人格具有重要的指导作用。

人格结构一般包括两个部分，一是个性倾向性，包括需要、动机、兴趣、理想、信念和世界观等。个性倾向性是决定个体对事物的态度和行为的内部动力系统，在人的行为中起着组织、引导和推动心理活动按一定方向进行，使心理活动有目的、有选择的作用；另一个部分则是个性心理特征，包括能力、气质和性格，指个体身上经常表现出来的、本质的、稳定的心理特征，是多种心理特征的独特结合，反映了一个人整体的精神面貌，表现了人与人之间的具体差异。

个性倾向性是人格中最活跃的因素，具有积极性和选择性，表现出一个人对客观事物的“倾向”或“回避”；个性心理特征是人格中典型、稳定的因素，表现出一种整体面貌。个性倾向性更多受到后天社会因素的影响，而个性心理特征则更多来自先天遗传因素。当然，二者并非彼此孤立的，一方面，个性心理特征受个性倾向性的调节；另一方面，个性心理特征的变化也会在一定程度上影响个性倾向性的变化和发展。

人格作为一种复杂的心理现象，有四种不同的基本特征：第一，整体性。人格的每一特征均是相互联系的，只有对个性的倾向性、心理特征有整体的认识，才能从整体上了解一个人。例如，同样是性格内向，喜欢沉静思考的人，一个是作家，一个是管理咨询师。职业特色决定了他们需要的不同，表现在行为上，前者可能出世超凡，沉浸于自己的精神世界；而后者则可能在工作场合善于沟通、八面玲珑，在生活场合则离群索居，沉默寡言。由此可见，仅仅从性格或需要的角度分析个体行为显然不够，要从整体角度考察才可能见到人格华美的全貌。

第二，稳定性。人格从整体上看是稳定的，有些心理特征，如气质在一生当中都保持稳定不变，而另有一些特征，如需要、动机、兴趣等则相对容易发生改变。但在一定时段内，这些特征依然保持稳定。

第三，独特性。俗话说："人心不同，各如其面。"这是人格独特性的写照。世界上不可能有两片完全相同的树叶，也不可能有完全相同的两个人，即便是有99%的遗传因素相似的双胞胎，其个性也可能不同。

第四，社会性。马克思说，人的本质并不是单个人固有的抽象物，在其现实性上，它是一切社会关系的总和。个性倾向性中的价值观、信念等都是在后天的社会因素的影响下形成的，个性心理特征中的性格与能力有遗传因素的作用，但也不能离开后天社会因素的影响。

师说心语——手相、星座到底靠不靠谱？

不知从何时开始，心理学似乎和星座成了密友，在大众心中，它们都成了识人断物的绝妙手段。相同星座的人不仅有着类似的个性，还拥有相同的运势；陌生朋友见面，先对一对星座，一旦发现星座相和，双方就能愉快地相处合作了。星座到底是不是科学，能否凭星座判断他人，预测未来？若想快速识人，心理学能否提供有效的方法和工具呢？请看视频"手相、星座到底靠不靠谱"。

人格的形成与发展

人格由基因等生物因素、后天环境等社会因素以及心理过程合力作用而成。

生物学因素对人格的形成有重要影响。行为遗传学通过分析双生子来分析遗传和环境的相对影响。一项针对双生子的研究发现，大五人格因素中的五个维度都有相当大的遗传性，且程度相当；另一项研究则认为，大五人格特质的遗传力如下：神经质 41%，外向性 53%，开放性 61%，愉悦性 41%，公正严谨性 44%。此外，研究者们还证实了遗传因素在形成病态和不良人格中扮演重要角色。一项研究比较了 128 对同卵和异卵双生子的人格特质，发现遗传因素的影响略微超过了环境的影响。其他研究证实了遗传因素对个体酒精滥用、进食障碍、抑郁、反社会型人格障碍有重要影响。当然，探讨人格的遗传因素并不意味着要去寻找人格的基因密码。毕竟基因代表的是特定蛋白质的编码，而复杂的人格特质可能是由数千种基因共同决定的。虽然基因在人格中的确切角色仍未清楚，但多数心理学家都认可生物遗传对人格的影响。

生物和进化的因素并不能解释一切，即便是遗传学家也承认，遗传因素只能解释人格中大约一半的内容。例如，有关精神分裂症的调查发现，一般人群中精神分裂症患病率为 1%，父母其一是病人的话子女发病率就增加到 20%，父母都是病人则可以达到 50% 的发病率。虽然这个比率已经很高，但依然有一半的子女不会因为遗传而罹患精神分裂症。这就与后天社会环境有关。

有哪些社会环境会影响人格的形成？首先就是家庭。家庭被称为“影响儿童个性的第一工厂”，童年早期经历、家庭氛围、父母榜样等都会对人格造成影响。其中，童年早期经历尤为重要。

婴儿期人类几乎没有什么记忆，那早期经历如何对人格产生影响？刚出生时婴儿大脑的神经元细胞数量已经非常多，约有 1000 亿个神经元，远超成年人，但大脑重量只有成年人的 1/4，主要是因为婴儿大脑神经的髓鞘化没有完成。更重要的是，此时婴儿大脑突触连接的数量比成年人少很多。突触好比细胞之间的快递员，负责在细胞之间传递信息。婴儿在出生后的 3 年里，大脑细胞之间会“拉帮结派”，与其他脑细胞建立网络，打通“快递通道”。否则，根据用进废退的原则，未能入网的脑细胞最终会被淘汰。这个过程会持续整个童年期。一般到 3 岁时，大脑突触连接数量可以达到巅峰状态，3～12 岁时会一直维持，到 14 岁时大脑开始根据用进废退的原则，留下部分比较完整、常用的神经回路，部分不常使用的神经回路则被淘汰。

因此，0～3岁是孩子生长发育特别重要的阶段，它是突触大量生长，神经网络快速建立的时期。而0～3岁正是婴儿接受抚养人照料的时期。抚养人和婴儿的互动不仅满足了婴儿吃喝拉撒的生理需求，还对儿童的神经生物学和生理学功能进行塑造。这种生理上的建构最终会表现在外在心理和行为上，并固化下来形成人格。那么，生命早期的互动会对儿童人格产生哪些影响呢？

在抚育过程中，抚养人（通常是母亲）与婴儿积极参与互动，通过各自的行动为构建关系贡献力量。他们对对方发出的信号保持敏感，而且会根据接收到的信号做出自身的调整，他们之间形成了一个“互相调节的动态系统”。例如，母亲看到婴儿做出危险动作，立刻发出惊呼，并出手制止，这是母亲对婴儿的影响；反过来，婴儿也会通过自己的方式向母亲施加影响，例如通过哭泣向母亲发出“饥饿”或“不适”的信号，通过拍击大门发出“出门玩耍”的信号等。在这个动态系统里，不仅母亲在影响婴儿，婴儿也在调节母亲。

这种频繁且有效地与人互动、连接的经验将构成婴儿人格的基调。婴儿会感到“我是自己的支配者”“当我有需要，世界会为我做好准备”“我能够从世界中获得我需要的东西”，这种“有能力”“有影响”的感觉会让孩子长大之后具有安全感，更加自信，敢于主动表达意图、实施自己的影响；孩子在向外探索世界的过程中，遇到外部环境中带有攻击性的刺激时，母亲快速调整自己的状态，在孩子恐惧、痛苦或强烈需要她们的时候想办法减少其不适感，或者在孩子尝试着探索未知领域时，鼓励他们更有热情，更有挑战性地面对，这时，母亲就充当了刺激的缓冲器，能够帮助孩子的情绪稳定下来。慢慢地，来自母亲的外部调节会逐渐内化，成为孩子自己的心理能量，增强孩子的心理调节能力，使他成为一个情绪稳定的人；当然，有时母亲也可能不能及时回应婴儿的信号和需要，这其实是母婴双方试错性地探索关系修复方式的好机会，也给孩子传递了一个信号：你需要灵活地来对外部环境做出反馈。例如，婴儿常通过哭泣传递饥饿的信号，但如果这次这个信号未能奏效，母亲未能对哭泣做出回应，婴儿可能开始探索新的方式，比如自己爬过去寻找奶瓶。正是这种关系断裂和修复的过程，使得孩子走出自身世界，逐步学会应对周围发生的事情，在面对困难时，情绪方面的抗压力就更强。

除了家庭的影响，社会的影响也不容忽视。社会文化对人格也会产生影响。例如，美国与其他西方国家的人倾向于强调个人主义（Individualism），褒奖崇拜那些天赋、智力和运动能力等与众不同的人。相比之下，亚洲、非洲、拉丁美洲与中东地区的文化更强调集体主义（Collectivism），赞赏那些与团体一致、促进社会和谐的行为。这样的文化影响下，国民的人格会显现出一些集体特征。例如，亚洲人相比美国人更加害羞、谦逊、不喜欢冒风险，倾向于将成功归因于集体，将失败归因于自己，而美国人则刚好相反。反映在影视作品中，凭借一己之力单挑全世界的“硬汉”形象更容易在美国受到推崇，而亚洲电影中则更倾向于展现和谐、友善、牺牲自己造福集体的氛围。

当然，文化并非一成不变，文化影响下的人格也呈现出代际特征。有研究根据出生和成长年代的不同，将人群划分为“X 世代”“Y 世代”和“Z 世代”，并对比了不同世代个体的人格差异。结果发现，“Z 世代”因其成长过程中经济条件改善和互联网的影响，生活方式发生了质的变化，因此，人格呈现出独立自主、敢想敢干、注重生活体验、追求成长和价值感等特点。

知识加油站——与“Z 世代”共舞

X 世代指 1965—1980 年出生的一代人；Y 世代指 1980—1995 年出生的一代人，又被称为“千禧一代”；Z 世代指 1995—2010 年出生的一代人，他们是互联网的原住民，数字技术和数码产品是他们生活中的一部分。三个世代的人因其生活环境和成长经历的差异，表现出内在需要和人格的不同。

X 世代是接受红色教育的一代人，在他们身上保留了上一辈人的许多优秀品质，比如“螺丝钉精神”“吃苦在前享乐在后精神”等，又由于他们从小的物质条件处于匮乏和半匮乏状态，所以他们吃喝享受的本能性需求要求不高，很容易得到满足；对于自我放飞、实现自我心存向往，但从未敢轻举妄动。但是，他们却有着强大的社会性需求，“我是一块砖，哪里需要哪里搬”，响应国家需要，服从组织需要，获得世俗标准的成功就是他们被赋予的人生意义。

跟他们形成强烈对比的是Z世代，后者是完整接收信息教育的第一代人。他们的本能需要和自我实现需要都异常旺盛，唯独社会性需求不突出。生长在网络环境中的他们，比起前辈有太多途径满足自己的各类需要，不一定必须通过和现实生活中的真人打交道。因此，他们更加关注自己的内心世界，而不是其他人的看法或社会的评价。此外，在他们的成长过程中，社会给他们的刺激不足。父母无条件的爱让他们觉得我只需要接受爱，接受照顾就可以了，不需要通过一种持续的回报来稳固这种关系；在学校，教育市场化加速，老师的权威逐步淡化，取而代之的是一种消费关系，更进一步加剧了他们以自我为中心的心态。因此，关注自身体验，不随意崇拜权威，不在乎世俗的标准，敢想敢说敢干是他们的显著特征。

Y世代当中包括了全部的“80后”和一部分的“90后”，他们承袭了老一辈的部分优秀品质和精神食粮，但远没有X世代刻骨铭心；他们没有体会过X世代曾经的物资匮乏，所以也敢于追求自我享乐。但这并不意味着他们和Z世代相同。如果说X世代和Z世代是需要层次不同，那么Y世代和Z世代则有着完全不同的价值观体系。Y世代的父母多属于“50后”“60后”，大部分并未积累起来多少财富，留给子孙的也寥寥无几。而Y世代刚好赶上了高考改革、住房改革等一系列社会变化，所承受的生活压力陡增。因此，他们倾向于将物质作为追求的首要目标。如果利益可以得到满足，他们可以被价值驱动，能够忍受与权力核心保持距离，遵守社会规则，愿意接受或迎合社会的普遍价值观。

这与Z世代完全不同。Z世代一出生就充满自信，他们的自信来自先富起来的父母们。他们不用为物质生活发愁，相反，他们认为，为了追求那些身外之物而放弃自身的价值追求实在太过世俗。所以他们唯一要做的就是做自己喜欢做的事情，所以，在他们自我认可的价值观体系中，他们并不在乎社会和长辈如何看待他们。所以，Y世代遵循的是社会价值观，而Z世代只遵循自我认可的社会价值观。

精神分析人格理论

如果到大街上做一个随机调查，请过路人说出他们知道的心理学家的名字，那么“弗洛伊德”一定会上榜。精神分析学派的人格理论是西方心理学中最有影响力的理论之一。它以潜意识理论为基础，对人格进行了三个层次的划分。图5.1是潜意识理论与人格理论的对应关系。弗洛伊德认为，人格是一个整体，它由本我、自我、超我三部分组成。

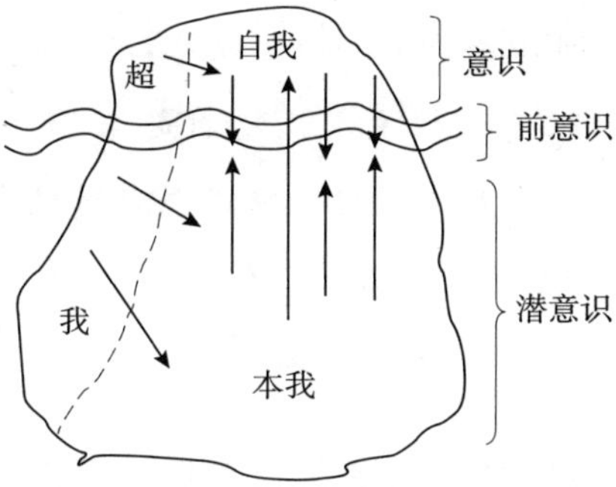

图5.1　精神分析潜意识理论与人格理论的关系

师说心语——一仆如何侍二主？

西方有一句谚语，一仆不可侍奉二主。但是有个叫“自我”的仆人有点例外，他同时侍奉着两个厉害的主人：一个是高高在上、盛气凌人的“超我”，另一个是刁钻刻薄、十分难缠的“本我”。超我这个主人出身高贵，冷酷无情，他长期以道德和良心作为自己的行动准则，任何不符合要求的行为都要打压。超我对自己要求高，对别人要求更高，他根本不会给自我这个仆人一丝一毫喘息的机会，自我的一切活动都要受到它全天候的监视。

自我还有另外一个主人叫本我，本我信奉享乐主义，只要能让自己感受到快乐的事情他都爱做。本我的要求和欲望很多，其中有一些是不符合道德规范的，这使得他很难得到满足。但是忠实的仆人自我还是想方设法创造条件来满足主人的欲望和要求。自我长期无休止地周旋于两个严厉的主人之间，悟性也有了很大提高，一方面他调整心态，面对现实，变被动为主动，迎接各种挑战，另一方面他做“和事佬”，在不得罪超我的情况下，尽可能满足本我的欲望。通过他的左右逢源，主仆关系处理得相当和谐。

本我、自我、超我这一仆二主，其实在每个人的心中都有。体重已经严重超标的人立志节食减肥。可是当他面对满桌的美味佳肴时，他忍不住动心了。这时，超我就会跳出来，严厉地指责：“一个没有意志力的人终将难成大器。”而本我则吞着唾沫，嗤之以鼻：“享受人生，享受美味，否则这辈子就白活了。”眼看两位主人又要打起来了，自我赶紧出来圆场：“不妨来点凉拌黄瓜和白水煮青菜吧，味道虽然清淡但也无碍减肥大计。”人就是在本我、自我、超我这“三个小人”的争吵、纠缠、斗争中做出各种抉择的。请看视频“一仆如何侍二主”。

本我是人格结构中最原始的部分，它从一个人出生之日起就已经存在。它像一匹桀骜不驯的马，总想自由驰骋。它是一个人的动物性部分，目的就是满足自己饥、渴、性等欲望。它行事的原则是快乐原则，只要欲望被满足，本我就开心快乐，如果不能被满足，它就要苦苦挣扎，努力挣脱束缚。

如果说本我是一匹马，自我就是骑在马背上的人，它驾驭着本我，控制着本我的前进方向。本我在人两岁后便逐渐建立起来，它行事的原则是现实原则。本我的欲望如果不能被现实满足，自我就会迁就本我，考虑在现实世界规定允许的情况下，采用变通的方法实现本我的需要。自我处在潜意识和意识之间，就好像把守在监狱门口的狱警，不让监狱中的本我逃出来，又负责把本我需要的“饭菜”送进去。

超我是人格结构中居于管制地位的最高部分，它大约在人 5 岁后，对社会文化道德规范有了初步认识之后就会逐渐建立起来。超我代表着良心和道德标准，它按照道德原则行事。它负责管制、领导自我，它会命令自我别去满足本我的无理要求，而应该表现出高尚的行为。例如，一个小学生，在邻居家里看到桌上有一张钞票，本我的贪欲指使小学生不声不响地据为己有，换成自己喜欢吃的零食；超我则会严厉制止这种行为，告诉小学生“偷窃是违反道德准则的行为”；自我则会在“据为己有”和“道德品质”之间斡旋调停，指挥小学生主动帮助邻居修剪草坪，进而得到邻居的感谢和报酬。在不触怒超我的情况下，满足了本我的愿望。图 5.2 用漫画的形式揭示了三个我之间的行事原则。

图 5.2 本我、自我、超我的行事原则

通常情况下，本我、自我、超我三者处于平衡协调状态，从而保证了人格的正常发展。精神分析认为，人格发展的顺序依次分为五个时期，在人格发展的每一阶段都有一个身体的相应部位成为力比多兴奋和投注的中心。

口腔期（0～1.5 岁）的个体主要靠吮吸、咀嚼、吞咽、咬等口腔活动，获得快感与满足。若口腔期婴儿在吮吸、吞咽等口腔活动中获得满足，长大后会有正面的口腔性格（Oral Character），如乐观开朗，反之，若此时期的口腔活动受到过分限制，使婴儿无法由口腔活动获得满足，长大后将会滞留下不良影响，称为口欲滞留（Oral Fixation），将来会有负面的口腔性格，如口腔性依赖（Oral Dependence），这是一种幼稚性的退化现象，指个体遇到挫折时，不能独立自主地去解决问题，而是向成人（特别是向父母）寻求依赖，有一种返回母亲怀抱寻求安全的倾向。又如口欲施虐（不自觉地咬人或咬坏东西的口腔倾向），以及悲观、退缩、猜忌、苛求等负面的口腔性格；甚至在行为上表现出咬指甲、烟瘾、酗酒、贪吃等。

肛门期（1.5~3岁）的幼儿发现粪便排泄时可以解除内急压力得到快感，因而对肛门的活动特别感兴趣，并因此获得满足。如果父母能够配合幼儿控制能力的发展进行排便训练，幼儿长大后就会具有创造性与高效率。如果父母训练过严，与儿童发生冲突，则会导致所谓的肛门性格（Anal Character），一种是肛门排放型性格，如表现为邋遢、浪费、无条理、放肆、凶暴等；另一种是肛门便秘型性格，如过分干净、过分注意条理和小节、固执、小气、忍耐等。因此，弗洛伊德特别强调父母应注意对儿童大小便的训练不宜过早、过严。

性器期（3~6岁）的个体认识到两性之间在解剖学上的差异和自己的性别，性器官成了儿童获得性满足的重要刺激，表现为这个时期的儿童喜欢抚摸生殖器和显露生殖器以及性幻想。这一阶段，儿童表现出对性的好奇，由此产生一些复杂的心理状况。在这一阶段，儿童的性爱对象也发生了转移。男孩出现了俄狄浦斯情结（也叫恋母情结）（Oedipus Complex）和阉割焦虑（Castration Anxiety），女孩出现了恋父情结。这一阶段也是儿童人格形成的重要阶段。儿童在行为上模仿父亲或母亲，因此男孩的性格很像父亲，女孩的性格很像母亲。另外，在性器期很容易发生力比多的停滞，以致造成许多行为问题，如攻击和各式各样的性偏离等。

潜伏期（6~12岁）的儿童由于道德感、美感、羞耻心和害怕被别人厌恶等心理力量的发展，性欲望被压抑，儿童中止对异性的兴趣，倾向和同性者来往。这个时期的最大特点是对性缺乏兴趣，男女儿童的界限已很清楚。但是性力的冲动并没有消失，而是转向今后社会生活中的一些活动——学习、体育、歌舞、艺术、游戏等。这是通过升华作用的机制实现的，也是性欲望在发展过程中的一种更有目的的作用。儿童在这时期若遇到不良的引诱，就会产生各种性偏离。

生殖器期（12～18 岁）是青春期到成年期，亦是性成熟期，其特征是异性爱的倾向占优势。他们会建立成熟的性关系，并伴有创造性活动。精神分析关于儿童的性，尤其是恋母情结的提出，引起了其他学派的不满。但弗洛伊德的信徒却认为，这个情结不仅在精神病的产生中起着重要的作用，而且在个体的正常发展上也有重要的影响。从现代的眼光来看，精神分析的人格理论在解释人的个性形成与行为方面有着重要贡献。

弗洛伊德的人格理论受到了很多人追捧，但同时也遭到了许多质疑。其中比较集中的一点是，人们对性冲动和攻击性是主导一切的动机表示怀疑，相反，他们更倾向于强调更高尚的动机以及社会互动。这些观点被称为“新弗洛伊德学派”。阿尔弗雷德·阿德勒（Alfred Adler）和凯伦·霍尼（Karen Horney）都同意弗洛伊德关于童年期重要性的观点，但他们认为，对人格的形成起关键作用的是童年期的社会性张力而不是性张力。阿德勒认为，人们的很多行为是为了要努力克服童年期的自卑感，这种自卑感激发人们追求优越和权力；霍妮则认为童年期焦虑引发我们对爱和安全的渴望，反对弗洛伊德认为女性的超我较弱的观点，并且试图平衡他在这种大男子主义心理学中产生的偏见。

知识加油站——弗洛伊德精神分析的是非功过

弗洛伊德无疑是心理学史上受到“冰火两重天”评价的第一人。弗洛伊德的功绩毋庸置疑。他第一次让人们注意到童年经历的重要性、潜意识心理的存在，以及我们保护自己的心理防御机制。他所使用过的访谈技术、催眠、自由联想，目前依然是现代心理学研究的重要手段。然而，弗洛伊德的工作依然饱受质疑和批评，主要在于他的理论无法进行科学检验，只能来自事后解释；过于关注童年的性冲突，认为性压抑的解决是人格的基础。但无论如何，瑕不掩瑜，精神分析作为心理学的“第一大势力”依然对心理学发展产生重要影响。

社会认知人格理论

社会认知理论是美国著名心理学家艾伯特·班杜拉（Bandura）在20世纪70年代提出的一种学习理论，它批判了人类行为的单向决定论——个人决定论和环境决定论，而是强调人类的行为是个体认知与环境交互作用的产物。

师说心语——韦小宝凭什么可以娶到七个老婆？

金庸武侠小说《鹿鼎记》中的主人公韦小宝是一个出身低贱、目不识丁，道德水准也不怎么高的小人物。但就是这样一个市井泼皮无赖，最终不仅受到皇帝的宠信，得到了高官厚禄，做了鹿鼎公，而且还抱得美人归。小说中，韦小宝先后娶到了七个老婆，其中不仅有皇室成员，名门闺秀，更有武林正宗，武学高手，最重要的是这七个老婆个个貌美如花，对韦小宝热爱有加。这样一个并无过人之处的韦小宝，为什么可以赢得这些美人的青睐呢？

有人分析说，是因为韦小宝的个性好。他灵活善变，进退有度，嫉恶如仇，心存善良，对朋友讲义气，心胸宽大；也有人分析说，是因为他追女人的手段高明，为了得到美人心，他脸皮厚，手段阴，使尽各种招数，死缠烂打，不达目的不罢休；还有人说，是因为他的爱情价值观值得称道，韦小宝虽然多情但很专一，对每一个老婆都付出真爱，甚至为了她们不惜牺牲自己。纵观这些分析似乎都有道理，但如果拨开这些表面因素看本质的话，你会发现，韦小宝这些个性、手段、处世之道、价值观的背后有一个总的根源，这就是他的成长环境，是这个特殊的环境造就了他成为这个独一无二、让人又爱又恨的韦小宝。

韦小宝是地地道道的江湖出身，他出生在扬州一家妓院，妓院生活给了他最初的人生体验和观察。妓院里以女人为主，这使得他对女性有一种天然的亲近感；妓院里有很多说书人，这使得他从小便懂得江湖道义，崇拜英雄豪杰；妓院里人来人往，龙蛇混杂，逢场作戏，这使得韦小宝学会了见什么人说什么话，知道怎样投其所好；在妓院里，他见惯了侮辱与欺压，见识了人性中最丑陋、最残酷的一面，这使得他的适应性超强，韧性超强，做事没有规矩，不讲章法，只要能达到目的，就不惜采用任何手段。可以说，韦小宝童年的特殊环境为韦小宝积攒下了“醉卧花丛”的所有“本钱”。所以，童年的成长环境对每一个人的个性、习惯等都有着深远的影响。请看视频“韦小宝凭什么可以娶到七个老婆”。

班杜拉认为，人的行为，特别是人的复杂行为主要是后天习得的。行为的习得既受遗传因素和生理因素的制约，又受后天经验环境的影响。生理因素的影响和后天经验的影响在决定行为上微妙地交织在一起，很难将两者分开。

班杜拉认为行为习得有两种不同的过程。

一种是通过直接经验获得行为反应模式的过程，班杜拉把这种行为习得过程称为“通过反应的结果所进行的学习”，即直接经验的学习。斯金纳箱里的小白鼠学习按压杠杆并受到奖励，就属于直接经验的学习。

另一种是通过观察示范者的行为而习得行为的过程，班杜拉将它称之为“通过示范所进行的学习”，即间接经验的学习。而间接经验的来源则是环境。个体通过对环境中他人行为的观察，并进行模仿，进而固化并纳入自己的行为模式中，形成个性。中国传统故事“孟母三迁”讲的就是通过改变环境中的榜样来改变儿童观察学习的对象，进而引导儿童行为发生改变。“孟母三迁”的故事比社会认知理论的提出早了上千年，但其核心理念却与之异曲同工，遥相辉映。

不仅环境对行为会有影响，个体因素（认知）、行为因素和环境因素三者之间都是相互影响、相互依赖和相互决定的。这种观点被称为“相互决定论”。

该理论关注三种作用机制：认知与行为的交互反映了行为是受到人的思维影响，比如说人的期望、目标、信念等支配和指导他的行为方式，即人怎么想就怎么做，行为的反馈结果也会引起个体的情绪反应；环境与行为的交互则反映了人的行为可以受到环境的影响，同时行为也可以改造环境，即有什么样的环境条件，就要求采取相应的方式，同样也会受到环境的修正，使之满足人们的需要；认知与环境的交互反映了人的意识和认知能力并不是一成不变的，而是受到环境中社会影响的修正，同时个体的人格特征也决定了他生活的社会环境。需要了解的是，相互关系并不意味着双方影响力量的对等性，其间交互作用的模式也不是同时发生和固定不变的。

生活中的心理学——张桂梅的“贵”“美”人生

张桂梅，云南丽江华坪女子高级中学书记、校长，华坪县儿童福利院院长（义务兼任），丽江华坪桂梅助学会会长。2021 年被评为“感动中国 2020 年度人物”，被党中央授予“七一勋章”。2021 年 11 月，获“全国道德模范”荣誉称号。

1996 年 8 月，一场家庭变故让张桂梅从大理来到丽江山区，原本只想忘却爱人过世的悲伤，她却看到了山区贫困孩子一张张渴望知识的脸。爱的本能让这位女教师在山区扎下了根。为了改善孩子们的生活、学习状况，她节衣缩食，把自己的积蓄全部用来帮助山区的孩子们。在教学的过程中她发现了一个现象，班里的女生经常读到一半就不读了。她觉得奇怪，于是就一个一个去山里找。在这个过程中，她一次又一次见证了贫穷。有学生家徒四壁，父亲酗酒，母亲生病；有学生还未成年就被家里订下婚事，准备出嫁；有学生临近高考突然辍学，被扣在家里干活，弟弟却被送到城里上学。她心里又痛又气，拼着老命，一边教书一边往回找孩子。扶贫先扶智，“女孩子受教育的话，也许可以改变三代人。”

2004 年，她下决心要办一所免费的女子高中。她四处奔走，募捐筹钱，全然不顾周围人的不解和质疑。转机出现在 2007 年，那年张桂梅当选了党的十七大代表，一篇报道让她的“女高梦”传开了，全国各地的捐款纷至沓来。2008 年，华坪女子高级中学成立，这是中国唯一一所免费女高，专门供贫困家庭的女孩读书。2011 年，华坪女高第一届高考成绩出炉，综合上线率 100%，一本上线率 4.26%，到了 2019 年一本上线率上升到了 40.67%，排名全市第一。学校建校以来，已有两千余名大山里的女孩从这里走进大学完成学业，在各行各业做贡献。张桂梅用自己的实际行动诠释了什么是最高贵、美丽的精神品格。

分析张桂梅的事迹不难发现，张桂梅所处的环境使她对贫困，以及产生贫困的原因——女童的教育问题有了深刻认识，这直接导致了她建立女高、送女童走出大山的行动。而这种行动反过来引发了公众和政府的关注，进而改变了当地的教育环境。因此，环境、认知和行动三者经常相互作用。

社会认知理论也给教育带来启发：首先是注重榜样教育，引导学习者学会观察学习。观察学习是通过观察他人的行为，获得示范行为的象征性表象，从而引导学习者做出相应的行为过程。学习者可以通过观察别人的行为结果，来调节自己的行为，从而认识环境中事物的规律，进而改变自己的行为、思维模式、情绪反应及价值观，所以要创设有良好榜样的环境，才能帮助学习者习得健康的行为模式。

其次，充分发挥自我效能的作用。自我效能感指个体对自己是否有能力完成某一行为所进行的推测与判断。通过恰当的榜样示范和言语说服培养个体良好的自我效能，增强学习者的成就感和自信心，比如通过榜样示范，了解示范者解决问题的策略，参考其表现来判断自身的效能。

最后发挥个体的自我认知调节对于其行为的影响。重视个体在社会化过程中依据自己的价值标准对自己的行为做出奖励或惩罚，通过改善教育环境帮助个体树立正确的是非价值标准，使行为在环境和认知因素的影响下得到改进。

本节思考题

1. 请分析自己的人格特点，并思考是哪些因素造就了我们独特的行为模式，并使其具有跨越时间和空间的一致性。

2. 简述精神分析人格理论的主要内容，并尝试对该理论的优缺点进行评价。

3. 请依据社会认知人格理论，举例说明个体因素、行为因素和环境因素三者之间的作用机制。

实践项目

是什么影响人类的行为？这是一个心理学家争论许久的话题。人格心理学家认为，人的行为具有情境一致性，人格特质预示了个体行为的一般模式；社会心理学家则强调环境的力量，他们认为，一个人可以在面对不同环境不同个体时呈现不同人格。对于人格—情境的争论，你如何看待这个问题？请查阅资料，撰写报告阐明你的观点。

第二节　“撸起袖子加油干”的背后——需要与动机

课前思考

中国有句古话：“重赏之下必有勇夫”，意思是说，在丰厚赏赐的刺激之下，一定会有勇敢的人接受任务（挑战）。无论是古代的帝王将相，还是当今的企业管理者，都将此话奉为箴言，设置诱人的物质或精神奖励，期望能激发员工的工作动机，创造高绩效。但是，“重赏”一定可以激发人的工作动机吗？“重赏”要想奏效，需要什么边界条件吗？

美国加利福尼亚大学的学者做了一个实验，把6只猴子分别关在3间空房子里，每间2只。第一间把香蕉放在地上，第二间把香蕉从低到高，以不同高度挂在适当的位置上，第三间把香蕉系在天花板上。5天后，研究人员打开三个房间的门，发现第一、第三个房间的猴子都死了，但第一个房间的香蕉全吃完了，第三个房间天花板上的香蕉一根没动。只有第二个房间的猴子还活着，而且大部分香蕉都吃完了。原来，第一间的猴子一见到香蕉，争先恐后抢食，一天内就把香蕉全吃光了，最终只能饿死，第三间的猴子眼睁睁地看着香蕉，怎么跳也够不着，最终在绝望中死去。只有第二间房子的猴子是先跳着抢比较低的香蕉，再依次吃更高一点的。在逐步努力的过程中，弹跳能力大大提高，最后竟能吃到靠近天花板的那些香蕉了。

同样是“重赏”，只因设置方式的不同，会产生完全不同的效果。如果目标高不可攀，不切实际，容易让员工泄气，丧失信心，打击工作积极性；如果目标过低，则容易让员工安于现状，闲置资源，得不到最大程度的锻炼；只有将目标设置在略高于员工实际能力的水平上，让员工“跳一跳，够得着”，才能让员工斗志昂扬地朝目标进发，“重赏”才能真正起到作用。看来，动机的激发不能单纯靠奖励，在奖励内容、奖励设置的方式等方面，都要多用心思才能达到效果。

需求、需要与动机

“需求”与“需要”是日常生活中常常被人们混用的两个词。在心理学上，这两个词有着不同的含义。需求指的是个体客观的匮乏状态，如没有吃饭的人有进食的需求，没有睡觉的人有睡觉的需求。需要是人脑对生理需求和社会需求的反应，也就是对匮乏状态的心理表达。需要表现为人对某种目标的渴求和欲望，是心理活动与行为的基本动力。可见，需要推动着人们在各个方面积极活动，使人朝着一定的方向，追求一定的目标，以求得需求的满足。没有需要，也就没有人的一切活动，需要越强烈，由它引起的活动也就越有力。

动机（Motivation）是由特定需要引起的，是满足需要的意念活动。它是由目标或对象所引导，激发和维持个体活动的内在心理过程或内部动力。动机对个体活动的功能体现在三个方面：一是引发功能。动机好比发动机，人类的各种活动总是由一定动机引起，没有动机就没有活动；二是指引功能。动机好比指南针，它使活动具有一定的方向，并使个体朝着预定的目标前进；三是激励功能。当动机引发个体产生某种活动后，活动能否坚持同样受到动机的调节与支配。当活动指向于个体所追求的目标时，相应的动机便获得强化，因而某种活动就会维持下去；相反，当活动背离个体所追求的目标时，就会降低活动的积极性或使活动完全停下来。

师说心语——重赏之下必有勇夫吗？

俗话说“重赏之下必有勇夫”。意思是只要奖赏给得足够高，必定有人愿意为之前赴后继。那么，为什么“重赏”可以激发出勇气？在“勇夫”的内心，到底经历了怎样的心路旅程？请观看视频“重赏之下必有勇夫吗”。

需要和动机是有区别的。需要是积极性的基础和根源，动机是推动人们活动的直接原因。人类的各种行为都是在动机的作用下，向着某一目标进行的。而人的动机又是由于某种欲求或需要引起的。需要、动机与行为三者之间的关系如图 5.3 所示。

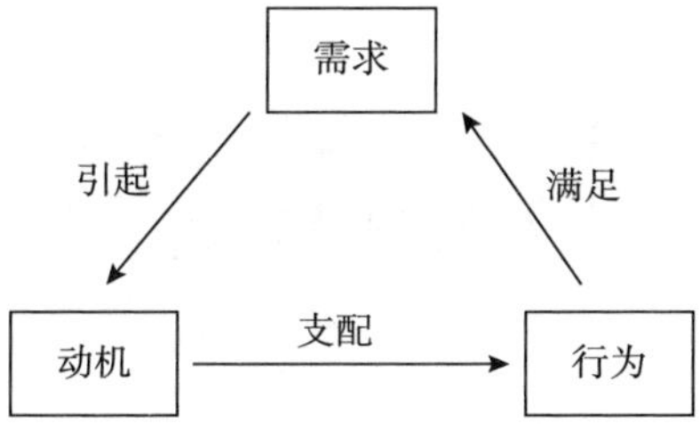

图 5.3 需要、动机与行为的关系

当人们产生某种需要时，心理上就会产生不安与紧张的情绪，成为一种内在的驱动力，即动机，它驱使人选择目标，并进行实现目标的活动，以满足需要。需要满足后，人的心理紧张消除。然而过程并不到此结束，在一段时间之后，新的需要会再次产生，再引起新的行为，这样周而复始，循环往复。俗语所谓“人比人，气死人”讲的就是这个道理。一个骑自行车上下班的人在看到同事都拥有了私家轿车之后，会产生“买车”的需要。这种需要不能满足时，会时时处于羡慕嫉妒甚至焦虑状态之中。这种负面的感受被称为“心理紧张”。这时人产生了买车的动机。人一边努力工作为买车做资金的准备，同时还关注汽车、车牌、车险等信息。一旦万事俱备，一辆崭新轿车被纳入麾下，人的需要被满足，紧张感就消失了。但是事情不会就此结束，在一段时间之后，当发现周围的同事都开始更新换代，由普通家用轿车升级到了奢华豪车时，人的需要、紧张感、动机再次产生，再次敦促自己努力，进入周而复始的循环当中。由此可见，将自己的物质欲望控制在适当的程度是获得幸福感的重要手段。

师说心语——感觉好才是真的好

一个企业老板很意外地收到了一名骨干员工的离职信，老板百思不得其解：“明明我给他的薪水远超市场水平，他为什么还不满意?”。老板们逐渐发现，新时代，“有钱能使鬼推磨”这句话越发不合时宜了。员工们会因为梦想、尊严、价值等，放弃金钱利益，追求并不那么“实惠”的人生。那么，针对当前人们多元化的需要，如何更精准地激励员工呢？请看视频“感觉好才是真的好”。

需要层次理论

人本主义心理学代表人物亚伯拉罕·马斯洛（Maslow）提出的需要层次理论（Hierarchy of Needs）认为，人们的需要具有层次性，其引发的动机具有不同优先级。人们总是要优先满足饥渴性等生理需要，才能被激励去满足更高级别的安全需要，以及更高级的社交需要、尊重的需要。马斯洛认为，人类最高级的需要是发挥全部潜能的自我实现需要，人们会为了实现这个目标而不懈努力。在马斯洛晚年，他提出在自我实现之上，还存在“自我超越”（Self – transcendence）的需要，人们会努力寻找超越个人和自我的意义，如志愿者工作、对宗教、政治、音乐的专注等。自我实现和自我超越的区别在于，前者是一种个人的巅峰体验，而后者则完全脱离了为自我寻求益处的范畴。

马斯洛的需要层次理论为人们研究动机提供了一个基本框架。对生活满意度的调查研究也支持了其中的观点。在饥饿、战乱、疾病横行的国家里，生存成为人类的首要目标，人们为了满足基本的生理需要，会全然不顾安全、体面、道义等，抢夺食物、水源；而在发达国家，人们的行为看起来优雅、文明、有素养，其重要的前提也是物质的富足。然而，该理论也有不足。在不同文化、兴趣、价值观的主导之下，这些需要的顺序以及优先级并非一成不变。在个人主义文化占主导的国家里，自尊显得尤为重要，个人成功（满足自尊需要）与社会认同（满足归属需要）相比，被摆在更重要的位置上，而群体导向、集体主义的文化更强调团体的成功，而非个人的自我实现；兴趣可以带人进入“心流”（Flow）状态，在这种状态下，人们感受不到时间的存在，可以连续数日废寝忘食，甚至连食物和睡眠等基本的生理需要都不在乎了；战争时期，参与长征的红军战士的基本生理需要和安全需要都难以满足，但却在革命理想的鼓舞之下创造出“空前绝后的军事奇迹”。这些都说明了马斯洛的需要层次理论在一些特殊的情境下，可能会出现层次先后和重要性上的差别。

知识加油站——最佳工作体验“心流”

积极心理学奠基人米哈里·契克森米哈赖（Mihaly Csikszentmihalyi）在30年前，在大量案例研究的基础上开创性地提出了“心流”的概念。心流是指人们在做某些事情时，那种全神贯注，投入忘我的状态。这种状态下，你甚至感觉不到时间的存在。在这件事情完成之后，人们会有一种充满能量并且非常满足的感受。其实，人们在做自己非常喜欢、有挑战，并且擅长的事情时，很容易体验到心流，比如爬山、游泳、打球、玩游戏、阅读、演奏乐器，还有工作的时候。米哈里发现，心流的体验在工作时发生的概率远远高于休闲娱乐时。他引用弗洛伊德的话：“快乐的秘诀在于工作与爱”。

米哈里研究了一位流水线装配工在工作中的心流体验。里柯·麦德森在一条装配线上工作，他每完成一个单元规定的时间是43秒，每个工作日约需重复600次。大多数人很快就对这样的工作感到厌倦，但里柯做同样的工作已经5年多了，还是觉得很愉快，因为他对待工作的态度跟一名奥运选手差不多。他训练自己创造装配线上的新纪录，经过5年的努力，他最好的成绩是28秒就装配完一个单元，最高速度工作时会产生一种快感。里柯说："这比什么都好，比看电视有意思多了。"里柯知道他很快就会达到这个工作的上限，所以，他每周固定抽两个晚上去进修电子学的课程。拿到文凭后他打算找一份更复杂的工作。

里柯之所以能在工作中体验到"心流"，与他如何看待工作有密切关系。重复性劳动没有被认为是单调乏味的，而是代表了具有挑战性、可以去征服的对象。一旦挑战成功，里柯的成就需要就被大大满足，这种内部的奖赏会进一步促使他继续发起挑战，取得更大的成功。因此，在工作场合中，重新设计工作，使工作像"过关打怪"一般充满意趣，培养员工能够从无趣中发现有趣的品质是改善工作体验、提高工作效率的可持续性途径。

工作动机的激发

工作动机是指一系列激发与工作绩效相关的行为，并决定这些行为的形式、方向、强度和持续时间的内部与外部力量。1964年，心理学家弗鲁姆（Vroom）提出的期望－效价理论（Expectancy Valence Theory）认为，动机＝期望×效价。也就是说动机的高低有赖于两个因素，一是期望值，即达到目标的可能性；二是效价，即达到目标后带来的获益感受。只有在达到目标的可能性大，达到之后奖励又很诱人的情况下，才能带来高动机；任何一个因素偏低都将影响整个动机水平。

后来的心理学家则更加细化，从工作动机的来源方面进行了划分。人为什么愿意工作？如果一个人回答"为了赚钱养活自己（和家人）。"那么，基本可以判定，激励这个人努力工作的是金钱或其他外部激励因素，这样的动机被称为外部动机（Extrinsic Motivation）；如果这个人回答："为了攻克这个难题。"那么，可以说明，是工作挑战性、意义感带来的精神满足激励他不断渡过难关，这样的动机被称为内部动机（Intrinsic Motivation）。研究发现，内部动机能够有效促进个体的学习成绩和工作绩效，并且这种积极和长期的效应得到了广泛的证实。而外部动机一般与更低的自主学习、更差的学习成绩，以及更慢的目标进展相关。

此外，研究还发现，在对自己和他人的工作动机进行评价时，人们往往会高估外在动机（薪酬、工作安全感）对他人的重要作用，低估内在动机（成长、学习）对他们的重要性。而在对自己的工作动机进行评价时则不会出现这类偏差。这种现象被称为外部激励高估偏差。这就意味着，管理者可能高估自己所制定的激励措施，尤其是外在激励措施对员工的重要性。

师说心语——零成本如何做激励?

不花钱或者少花钱如何激励员工？精神激励相比物质激励，在什么情况下会更有效？精神激励的背后是什么心理在发挥作用？请看视频“零成本如何做激励”。

20 世纪 80 年代，美国心理学家 Deci 和 Ryan 提出了自我决定理论（Self - Determination Theory，SDT）。该理论与前者的最大不同是，它不把动机看作单一的概念，也不是简单地把内部动机和外部动机对立起来，而是把动机看作一个连续体。无动机（Amotivation）和内部动机分居于连续体的两端，中间存在几种不同状态的外部动机，它们是内化程度不同的中间调节状态，分别是外部调节（External Regulation）、内摄调节（Introjected Regulation）、认同调节（Identified Regulation）、整合调节（Integrated Regulation）。从连续体的一端到另一端体现了从控制动机（Controlled Motivation）到自主动机（Autonomous Motivation）的逐渐变化过程。当个体感到他们参与的活动是由个人意志驱动时，他们会体验到自主性动机；当个体感到他们参加的活动是由内部或外部压力驱使时，他们会体验到控制性动机。

自我决定理论认为，内部动机和外部动机的内化是一个自然的过程，而这个过程能否顺利完成，取决于三个基本心理需要是否满足：自主需要、能力需要和归属需要。如果环境能让个体体验到自主性（如个人意志、发表看法、采取主动），或个体在某个活动上的自我决定程度较高时，他会通过内部归因，感到自己能够主宰自己的行为，内部动机就会高。当个体对自己的学习行为或行动达到某个水平的信念，相信自己能胜任该活动，就能把积极性最大限度地调动起来。而归属需要指个体需要来自周围环境或其他人的关爱、理解、支持，体验到归属感。这时，人们会表现出较强的自主动机和自我调节能力。总之，能够满足三种心理需要的社会情境能让个体更长久地坚持某项活动，保持积极的心理状态，产生更积极的行为结果。

知识加油站——动机会随着年龄而变化吗？

动机随着年龄的变化会产生变化，尤其是在教育情境中会随着时间和经验的变化发生波动（Corpus，2020）。研究发现，从小学到高中阶段，内部动机与认同动机这两种自主性动机的水平都有一个相对稳定的缓降；外部动机和内摄动机这两种控制性动机在这时期呈下降的趋势，控制性动机在 12 岁以后趋于稳定状态。大学生新生初始的内部动机和认同动机水平较高但不断下降，内摄动机初始为中等水平但不断上升。在工作领域，个体在求职过程中的自主性动机先下降后趋于稳定，而控制性动机始终保持稳定状态。从时代发展看，员工的内在动机随代际增加而呈下降趋势，新生代员工的内在工作动机最强，现存的组织激励体系依然停留在外在激励为主的阶段，明显滞后于新生代员工的工作价值需求。

成就动机

成就动机（Achievement Motivation）是一种获得显著成就、掌握技能或观念，迅速达到高标准的欲望。商人想赚更多的钱、明星想扩大名气、政治家想获得更高权力、冒险家想追求更强刺激，这些行为的背后都是成就动机在发挥作用。

生活中的心理学——心有暖阳，无惧人生沧桑

2022 年北京冬残奥会在 3 月 4 日晚在国家体育场拉开帷幕，如果说奥运会是体能的巅峰，那么，残奥会则是人类精神的巅峰。当我们看到残奥运动员们为了追求人生梦想、实现自我价值，在赛场奋力拼搏，尽情展示运动力量和体育风采的时候，感动、鼓舞、敬佩之情便油然而生。是什么让他们以超出常人的毅力与耐心，克服自身的缺点和不足，在逆境中奋起拼搏、向阳而生、逐光而行呢？除了他们积极向上的乐观心态、顽强的拼搏意志，还有很重要的一方面，就是强大的成就动机。他们期望获得的"成就"并不仅仅指奖牌，还包括超越自我，实现梦想。这作为运动员的"内部奖赏"，鼓舞他们享受运动，澎湃激情。

麦克利兰（McClelland）认为，人有三种重要的需要：成就需要、权力需要、亲和需要。具有强烈成就需求的人渴望将事情做得完美，以获得更大的成功；他们追求解决难题的乐趣，以及成功之后个人的成就感，并不看重由成功带来的物质奖励；高成就需求者喜欢设立具有适度挑战性的目标，在选择目标时会回避过高的难度；他们喜欢研究、解决问题，希望有所作为，不愿依靠机会或他人取得成果；高成就需求者喜欢能立即给予反馈的任务，因为及时明确的反馈信息有利于了解自己是否有所进步。研究已经证明，成就动机高的学生学习主动性更高，成绩也更好；而在企业内部，员工的成就动机与工作绩效具有显著正相关。

麦克利兰的成就动机理论源于西方心理学，是高度个人主义思维下的产物，反映了西方白人社会的文化价值观。而东南亚国家的"成就"认定标准是集体主义导向的，这就造成了麦克利兰的成就动机理论在"出口"到东方后出现了"水土不服"。中国的儒家思想与"家文化"决定了判定一个人是否成功，不是看他自身追求到了什么，而是看他能否满足，甚至超越父母、家庭、宗族、社会所赋予他的期望；中国人也会努力追求个人事业、财富等方面的成功，但背后真正让他们着迷的并不全是个人的兴趣

或自我实现，而是家族的利益、社会的承认和赞赏。因此，对集体性利益与成就的追求，是传统中国人追求成就背后的主要动力。

因此，我国研究者在麦克利兰成就动机理论的基础上，将成就动机分为两类，一是“个我取向成就动机”（Individual - oriented Achievement Motivation，IOAM），另一个是“社会取向成就动机”（Social - oriented Achievement Motivation，SOAM）。前者强调的是个人追求自我设定的成就目标与优秀标准，而后者强调个人所追求的主要是家庭、家族或其他所属群体（公司、学校等）所重视的成就目标与优秀标准。需要注意的是，IOAM 和 SOAM 是两个互相独立的维度，不论东西方社会的人都可能同时拥有这两种不同的成就动机，个体间的差别在于两种动机强弱程度的不同。在受儒家文化影响的东亚国家，普通人的社会取向成就动机往往远高于西方人。

近年来，我国青年人的成就动机是否有下降趋势？只要稍加留心就不难发现，2020 年以来，一些代表低欲望、低动机、低奋斗的网络热词悄然流行。从最早的葛优瘫、佛系青年、丧文化，到城市蹲族，再到后来的躺平青年……网络热词的变化虽侧重点有所不同，但都表现出当代部分年轻人逐渐养成一种不争不抢、无欲无求和满足现状的社会心态，以及逃避生活压力、只想维持最基本生活需求的社会行为。换句话说，青年人追求“更好”的成就动机正在逐渐降低，甚至消散，取而代之的是以消极态度应对内外部世界。

其实，这种情况并非中国独有。英国曾经出现过“尼特族”（NEET），即“Not in Employment，Education or Training”的首字母缩写，意指待在家里不就业、不上学，也不参加职业培训的年轻人；韩语中有“N 抛世代”，意思就是抛弃了生活中 N 种追求或者 N 种欲望的一代人。最早在 2011 年出现“三抛世代”，即抛弃约会、抛弃结婚、抛弃生孩子。后来发展到“N 抛世代”，即抛弃一切，对生活的诸多方面都不抱期望，只持有最低限度的生活欲望；在日本，很早就开始流行极简主义的生活方式，提倡消费降级，表现出对物质没有渴求，对财富没有欲望，对消费没有兴趣。正是在这样的文化背景下，2013 年出现了“悟世代”，主要是指日本年轻人中，那些无欲无求的人。他们主张生活节俭，合理消费，而且不出门、不运动、不旅行、不喝酒、不恋爱，很少社交，反对任何的“白努力白付出”。

为什么不同国家会出现类似的状况？从表面上看，这些“族人”或“世代”不战而降，消极避世，主动放弃追求，但从根源了解，这大多是无奈的选择。他们大多是在生活中屡战屡败后，无力挣脱又无从改变，只能被动消解欲望，以“放弃”的姿势与世界和解、与自我和解。这是社会阶层固化、经济社会发展、就业压力增大、同辈群体内卷条件下，青年对现实的无奈回应，也是他们应对不确定未来的暂时性策略。

虽然“族人”或“世代”的出现有一定客观原因，但是，低欲望、低动机、低奋斗的行为，以及焦虑、颓丧、妥协的社会心态不利于构建积极向上、和谐稳定的文化环境与社会秩序。如果任其发展下去，会走向消极宿命论、价值虚无主义与犬儒主义。于整个国家和社会而言，就有可能陷入消费萎靡的低欲望旋涡。因此，全社会都需要关心青年需求和生活状态，要从坚定理想信念、增强身份认同、营造社会环境、净化舆论环境、强化责任担当、强化家校社的协同合作等方面激发其成就动机，促进其积极奋斗。

本节思考题

1. 请简述需要、动机、行为三者之间的联系。

2. 请比较各种动机理论之间的异同，谈一谈它们分别强调哪些因素影响人类动机。

3. 你认为当代“躺平”青年产生的原因是什么？要想提升他们的成就动机，你有哪些建议和对策？

实践项目

心理学家将动机划分为外部动机和内部动机两种类型，前者是个体为了获得外部奖赏或者避免惩罚而产生的动机，后者则是因为事情本身的意义感和兴趣而产生的动机。外部动机和内部动机都可以促进个体行为的变化，但有研究认为，外部奖惩在提升外部动机的同时，却会使人对事物本身带来的意义感大大降低，进而抑制内部动机的发展。你如何看待这个问题？请以大学生自身为对象，研究什么样的激励手段可以提升大学生内部学习动机。请设计研究方案，开展探索。

第三节　你我如此不同——气质、性格与能力

课前思考

如果唐僧的取经团队现在需要裁员，你认为应该裁掉谁？是肉眼凡胎、不辨是非的唐僧，是脾气和能力一样大、屡屡被逐的孙悟空，是好吃懒做、喜欢打小报告的猪八戒，还是能力不强、只善牵马挑担的沙僧？他们每个人对团队的意义是什么？可以根据什么样的标准决定四者的去留呢？请带着这个问题，开始本节的学习。

西游记团队的人格分析

师说心语——唐僧凭什么当领导？

中国古典神话小说《西游记》是许多人开启“四大名著”之旅的“首站”。神奇曲折的故事内容，形形色色的神仙鬼怪，惊心动魄的打斗场面都引人入胜。师徒四人历尽艰险，最终求得正果。分析他们成功的原因，以唐僧为首的取经团队是制胜的秘诀。在这个团队中，如何利用四人不同的个性，发挥所长，精准互补，最终达到目标呢？请观看视频“唐僧

凭什么当领导”。

中国古典神话小说《西游记》是许多同学开启“四大名著”之旅的“首站”。神奇曲折的故事内容，形形色色的神仙鬼怪，惊心动魄的打斗场面都引人入胜。师徒四人历尽艰险，最终求得正果。分析他们成功的原因，以唐僧为首的取经团队是制胜的秘诀。团队中的四人个性有别，能力有差，但却各自发挥所长，精准互补。

首先，唐僧是团队的领导，从能力上讲，他肉眼凡胎，没有降妖除魔的本领，但是他目标明确、品德高尚、信念坚定，虽屡受险阻，但“取得真经，普度众生”的团队目标从来没有变过。更重要的是，他有上级领导（唐王）的授权，更有董事长（佛祖）、CEO（观音菩萨）的支持，由他担任领导指引团队前进的方向是最合适的。另外，从气质分析，唐僧是典型的黏液质，他安静稳定，寡言少语，注意力难转移而且很固执，但一旦认定绝不轻易放弃。从这个角度看，唐僧作为团队领导是最佳人选。

孙悟空是这个团队的核心，从能力上讲，他技术精通，业务精熟，有想法，执行力很强，也很敬业、重感情，懂得知恩图报，同时孙悟空与各路神仙交好，神魔两界都有关系，人脉强大。这在团队遇到困难寻求外援时，有很大助益。当然这个团队的核心也不是没有缺点，孙悟空有大闹天宫的前科，脾气也比较急躁，他对取经事宜并不是特别感兴趣，只在乎展现自身能力，达到自我实现。不过，有能力的人肯定有个性，只要扬长避短，把特长发挥极致，就不妨碍他成为团队的核心。另外，从气质分析，孙悟空属于典型的胆汁质，直率热情，精力旺盛，行动敏捷，易冲动。这在开拓市场、攻克技术难关等诸多关键时刻都可以发挥作用。

猪八戒是这个团队的润滑剂。从能力上讲，这个团队成员既没有唐僧的坚定，也没有悟空的能干，他好吃懒做，贪财好色，意志不坚定，干活不卖力，还时常打小报告。但是不能忽略的是，猪八戒性格开朗，充满活力，沟通能力强，能够虚心接受批评，而且毫无心理压力，心态特别好。他在团队中承担了润滑油的作用。一个团队如果没有“开心果”，只是一片沉闷的氛围，工作绩效一定不高。另外，从气质分析，猪八戒属于典型的多血质，他活泼好动，喜欢交往，跟各色人等都能搞好关系。有了他，漫漫取经路才有了些许生气。

沙僧是这个团队的中坚力量。从能力上讲，他言语不多，能力不强，但任劳任怨，承担了团队中挑担、做饭、喂马这些后勤辅助工作。虽粗笨无聊，但不可或缺，为团队的成功提供了保障。沙僧富有正义感，忠诚、憨厚、淳朴，对师傅忠心耿耿，对兄弟有情有义，有他在，团队稳如磐石。另外，从气质分析，沙僧属于典型的抑郁质，他不善言辞，行动迟缓，孤僻，但善于观察到别人不容易察觉的细节，为完善团队工作，查漏补缺立下功劳。

由此可见，唐僧团队的每一个人能力、性格、气质各有不同，正是这样的合理搭配，才确保他们成功完成目标。

气　质

生活中经常讲到“气质”这个词，说某人是“气质美女”“气质优雅”等。需要强调的是，生活中所用的“气质”一词指的是一个人整体的精神面貌，与心理学上的气质概念完全不同。心理学上的“气质”（Temperament）指心理活动的动力特征，表现在心理活动发生速度、灵活性、强度和指向性等方面。

心理活动的速度和灵活性主要表现在知觉的速度、思维的灵活程度、注意力集中时间的长短等；强度主要指情绪的强弱、意志努力的程度等；指向性即个体的心理活动是倾向于外部现实还是倾向于自己的内心世界。举例来说，同样是高兴，有人听到好消息之后，情绪立刻冲上顶峰，手舞足蹈，上蹿下跳，恨不得让全世界分享他的喜悦，“范进中举”就属于这种类型；而有的人内心高兴的程度不亚于“范进”，但他们情绪的表现形式就温和得多，喜上眉梢，莞尔一笑，内心里品味着幸福和喜悦。同样是悲伤，有人号啕大哭，有人暗自神伤；同样面对冲突，有人大动肝火，有人善于忍耐；同样学习新知识，有人接受得快，忘得也快，有人接受得慢，而一旦记住就不易忘记。这些心理活动的差别就是人们不同气质的表现。

气质是相当稳定的，它有一定的遗传基础。刚出生的婴儿看起来似乎是“一张白纸”，实际上，他们的气质已经存在差异。在医院婴儿室，有些新生儿很爱哭，哭起来声嘶力竭，而有些则文静一些；有些喜欢被拥抱、抚摸，但有的则对拥抱很抗拒；有的遇到新异刺激会很敏感，而有的无论看到什么都会显得很“淡定”。这就是气质差异在生命最初期的表现。这种差异可能源于遗传，也可能源于胎儿期的影响，例如，母亲孕期的压力会导致胎儿心跳和运动的变化，并因此影响新生儿的气质。

知识加油站——气质的天赋性

研究者们为了探讨人类天生的差异，对婴儿进行了研究。他们将婴儿天生的气质划分为三种类型：容易型、困难型、迟缓型。后来又增加了第四种类型“害羞型”。每种类型婴儿的表现如下：

- “容易型”婴儿生理机能活动规律、适应性强，易于抚养和使其愉悦。
- “困难型”婴儿情绪波动较大、反应激烈，对新的人和情境的反应负面且强烈。
- “迟缓型”婴儿相对活动水平较低，对新事物的反应缓慢，并且当他们做出反应时，强度较弱。
- “害羞型”婴儿羞怯、内向，害怕任何新事物或改变，对新事物和新的刺激会以非常敏感的方式做出反应。

神经成像研究发现，害羞型婴儿处于新异刺激中时，杏仁核（负责情绪反应）会做出过度反应，而这种反应即便到了青春期时仍然明显。纵向跟踪研究也发现，婴儿期害羞型的孩子在少年期也倾向于表现出害羞特质，这为气质的稳定性研究找到了依据。

虽然气质比较稳定，但并不意味着困难型的婴儿终其一生都会在情绪波动起伏中挣扎、害羞型的婴儿长大后一定难以落落大方地出现在人前。

相反，人的行为是先天倾向和人生经历交互作用的产物，困难型儿童在品尝了情绪失控的“苦果”后，有可能深刻反思，主动磨炼，最终成长为一个情绪稳定、个性成熟的人。

气质类型

不同研究者对气质类型进行了划分。希波克拉底认为，人的气质源于血液、黏液、黄胆汁、黑胆汁四种体液在身体内占比的不同。当代心理学和医学已经摒弃了这种观点，但保留了类型的名称，将气质分为胆汁质、多血质、黏液质和抑郁质四种类型。具体表现为：胆汁质的个体精力充沛，情绪发生快而强，言语动作急速难以自制，内心外露，率直、热情、易怒、急躁、果断。典型的代表人物有张飞、李逵等。多血质的个体活泼爱动，富于生气，情绪发生快而多变，表情丰富，思维言语动作敏捷，乐观、亲切、浮躁、轻率。代表人物有王熙凤。黏液质的人沉着冷静，情绪发生慢且弱，思维言语动作迟缓，内心少外露，坚韧、执拗、淡漠。代表人物有林冲。抑郁质的人柔弱易倦，情绪发生慢且强，易感而富于自我体验，言语动作细小无力，胆小扭捏，孤僻。代表人物有林黛玉、柳永等。

停下来，考一考

甲、乙、丙、丁四个人一大早上班，来到小区停车场后，发现有人违规停车。自己的车子被堵在停车位里无法开出。这时，四个人说了如下的话。你觉得说这些话的人有可能是什么气质类型的，请帮他们对号入座。

A：“唉，我也太倒霉了吧。这么早出门结果遇到这种事，真是人算不如天算！”

B：“让我找找，看车上有没有电话号码。没有啊……那我们去找物业要车主电话。”

C：“这种人太缺德，非得收拾收拾他才能长记性！”

D：“再等等吧，说不定一会车主人就会过来把车开走了。”

答案：A. 抑郁质 B. 多血质 C. 胆汁质 D. 黏液质

不同气质类型的人在面对同一件事时，反应是不同的。例如，同样是面对作业难题，胆汁质的人第一反应是恨不得把作业本撕烂；多血质的人则会“借力上位”，找人请教，或者抄抄答案；黏液质的人会沉下心来，不把问题研究清楚绝不罢休；抑郁质的人则可能会因为作业扰了心情，暗自神伤。当然，现实生活中，绝对且纯粹的某种气质类型者并不多见，大多数人可能是两种或者两种以上气质类型的混合，感兴趣的话可以通过《气质测验》了解自己。

小测验——测测你的气质类型

该气质测验包含60道题目，请你根据生活中自己大多数情况下的行为表现作答。并计算分数，确定自己的气质类型。

气质是重要的个性心理特征，在个体与群体活动中发挥着十分重要的作用。在团队中，气质与职业的匹配、人员的优化组合等都会影响工作的效率。

第一，在一些特殊工作中，气质和工作特点的匹配有可能发挥事半功倍的效果。黏液质的人适合操作流水线、精密机床，他天生的稳重踏实有助于他排除干扰，聚焦注意力，而多血质的人则不具有这样的优势；胆汁质的人被安排在质检、化验等岗位上，他也可能按要求完成任务，但他付出的努力一定比抑郁质的人更多。因此，在自己可能找到的工作和自身的气质特点之间找到最佳匹配，有助于提升工作绩效，产生“得心应手”的感觉。

知识加油站——航天员的人岗匹配

人岗匹配是确保从业人员的素质和岗位要求保持一致的过程。在确定人员素质时要对从业者进行身体素质、心理素质、能力素质等多方面的考察。例如，在选拔航天员时要首先考察航天员“航天环境耐力和适应性”，要进行包括17项生理功能测试的筛查；还要评价航天员的心理素质，那些有潜在病理异常、个性偏离和人格障碍的人也要淘汰出局。通过这些还是刚“入门”。航天员的训练异常具有挑战性，包括八大类，百余个科目，每个科目又有很多训练单元，涉及医学、生理学、心理学，还有科学理论和工程技术。训练过程“大浪淘沙”，确保最终遴选出来的航天员可以快速适应太空环境，胜任航天任务。

第二，在组建团队时，要考虑不同成员气质的互补匹配。最佳的状况是“强型”气质和“弱型”气质搭配在一个团队里。例如，在一个领导班子里，如果全部由胆汁质和多血质的人组成，那么团队可能会出现急功冒进、考虑不周的情况；如果全部由黏液质和抑郁质的人组成，那么该团队可能会缺乏生气、决策过于保守，缺乏创新精神。只有将不同气质类型的个体合理搭配，才可能做到从多角度全面考虑问题，决策相对最优。

第三，在与人沟通时，要针对不同类型个体的特点使用适合他们的方式，才能在不伤害他们积极性的同时，达到说服的效果。例如对胆汁质的个体，要着重培养其控制能力和坚持到底的精神，与其沟通要开门见山，不绕弯子，也不要轻易激怒他们；对多血质的个体要着重培养其扎实、专一的精神，以及勇于克服困难的精神，防止见异思迁，平时工作中要创造条件，给予其表现的机会，一旦犯错误，可以对其进行严厉批评；对黏液质的个体要着重培养其热情、豪爽和生机勃勃的精神，必要时要帮助其下定决心，对其批评要有耐心，要空出其考虑与反应的时间；对抑郁质的个体要创造条件帮助他交友，融入集体生活，增强自信心，不宜在公开场合下指责，不宜进行过于严厉的批评。

知识加油站——毛泽东与周恩来的相知互信，优势互补

作为20世纪中国的重要标志性人物，毛泽东、周恩来以如椽之笔改写了中国与世界的历史。他们之间的“天作之合”不仅产生了巨大的政治震撼力，而且也具有令人神往的美学境界。毛泽东、周恩来在出身、经历、

性格、气质、思维方式、知识结构、爱好特长等方面有着明显的不同，但恰是这种不同产生出巨大的互补效应。

毛泽东是理想的领军式人物，他善于抓主要矛盾，举重若轻，有纵横江海、气吞山河的气势；周恩来具有高超的协调能力，他精明能干，办事极负责任。有学者曾用“航海家”与“水手长”“海洋”与“海岸”等比喻描述两人关系的本质。毛泽东与周恩来共事几十个年头，彼此信任，又相互依赖。这种由相知产生的相互依赖使他们之间的特点互补发挥出强大效力，指挥中国革命一步步走向成功。

性　格

爱因斯坦说：“智力上的成绩，取决于性格上的伟大。”性格（Character）是指人对现实的态度以及与之相适应的、习惯化的行为方式方面的个性心理特征。性格主要体现在对自己、对别人、对事物的态度和所采取的言行上，不同的态度、不同的行为就展现出不同的性格。同样是面对“人间诸景备”的大观园，贫苦出身的刘姥姥因为在其中生活一两天而兴奋不已，幸福感十足，而天天生活在其中的林妹妹却经常触景生情，顾影自怜；同样是面对长江，苏轼发出了“大江东去，浪淘尽，千古风流人物”的慨叹，李后主则唱出了“问君能有几多愁，恰似一江春水向东流”的悲歌。人物的性格不同、心境不同，看世界的角度也大相径庭。

一般来说，性格是遗传因素和后天环境相互作用的结果，其中遗传因素是前提条件，后天环境（家庭、学校、社会）对性格的形成起着决定性的作用。正是这几个因素造就性格的多样性，因此，这个世界上很难找到性格完全相同的两个人。一般说来，性格在一段时间内常常是稳定不变的，但如果环境发生变化，人为了适应环境，性格也有可能发生缓慢的变化。所以，生活中有时会发现，上学时熟识的同学十几年或者几十年后再见，性格变化很大，这有可能是工作环境变化造成的性格的改变。

知识加油站——惯犯是如何形成的？

为什么有些犯罪者会一而再，再而三地触犯法律，即便刑拘出狱之后还会再次以身试法呢？俗话说，冰冻三尺非一日之寒。这些惯犯大多形成了犯罪人格，而犯罪人格都有深刻的童年和家庭的背景。不少罪犯从童年开始就面临不幸，贫穷、遗弃、父母离异等造成他们从小无人照管，被他人嫌弃。因此在童年或者少年时期开始离家出走，不再上学，进入一种非常规的社会化环境。他们往往经历流浪、乞讨、漂泊、拾荒、小偷小摸等谋生方式。在这些过程中被人歧视，甚至饱受人间的蔑视与冷漠。在这种生活方式中，他们经常被人打，然后学会打人，学会“用狠”的人生态度和生活方式。随着年龄的增长，他们的行为也会逐渐升级，当成年后，会因具有刑事责任能力而受处罚。由于错过了人生教育的关键期，其社会化缺陷终身难以弥补。所以即使在刑拘、坐牢后，他们仍可能重新作案，于是再受处罚、出来之后再犯罪……在这一过程中逐渐掌握犯罪技能，形成犯罪观念，同时还形成犯罪人特有的兴趣、嗜好、习惯、态度，出现与犯罪相适应的情感反应。当这一过程历经十年或更久，其犯罪心理活动内容便逐渐趋于稳定，他们的犯罪人格便已形成。

——摘自《幽微的人性》，李玫瑾，有改编。

对于性格的划分，不同学者有不同的划分结果。孔子把人的性格划分为狂者、狷者和中行，并且给予这三种性格不同评价。孔子最崇尚“中行”性格，认为这种性格的人退能不为，进能行道，行得其中。但是，如果达不到“中行”，退而求其次，“狂狷”也不失为积极的个性品质。“狂”者志向高远、进取心强、光明磊落，“狷”者则能保持独立的操行，不随波逐流，洁身自好。“狂狷”之人以性格配合修养，展现特别的风范。

瑞士心理学家、精神分析学派代表人物之一荣格用内向型和外向型划分人格。这也成了生活中大多数人常用的性格划分的渊源。很多人认为内向性格的表现就是不善言辞，不喜欢和人打交道，比较孤僻，不合群；外向性格则相反，爱说爱闹，比较好相处。因此，很多人认为内向是需要改正的缺点，在求职面试时，人们更是不愿意承认自己是个内向的人。这样的判断标准触及内向型和外向型差异的核心本质了吗？内向果真很糟糕吗？

师说心语——性格内向是缺点吗？

内向真的是缺点吗？生活中，很多人不愿意承认自己是个内向的人，似乎承认自己内向就暗示了自己是一个与世界格格不入，孤僻冷漠的人。进而就意味着不好相处，人际关系岌岌可危。这纯粹是对荣格的“人格类型论”的误读。内向和外向的本质区别在于心理能量的获取源在于外部环境，还是内部心灵世界。而内向者的善思、内省等特点也会给他们的工作和生活带来优势。请扫描二维码学习视频“性格内向是缺点吗?”

性格与健康

性格与健康有密切联系。心理学家弗里德曼原本是一名心脏病医生，他在治疗病人的过程中发现，他的病人有一些共同特点：时间观念极强，做事匆匆忙忙，生怕浪费一分钟；紧迫感强，总想在最短的时间内完成更多任务；好胜心强，容易和人争辩。于是，他进行了跟踪研究，最终发现性格很可能与某些疾病有关系。于是，他将性格划分为 A 型性格和 B 型性格。

A 型性格具体表现为：运动、走路和吃饭的节奏很快；对很多事情的进展速度感到不耐烦；总是试图同时做两件以上的事情；无法处理休闲时光；着迷于数字，他们的成功是以每件事情中自己获益多少来衡量的。A 型性格有两个最大的缺点：好胜心强；缺乏耐性。

与 A 型性格对应的是 B 型性格，表现为：没有时间紧迫感；不以成就和业绩当作衡量成功的标准；充分享受娱乐和休闲时间；充分放松而不愧疚。

停下来，测一测——你是“A 型性格”吗？

一个小测验，帮你了解自己的性格特点。请根据大多数情况下你自己的行为来判断。如果你符合 5 项或 5 项以上，那么，请留心，你可能有 A 型性格的倾向。

1. 坐公交车时常常觉得车开得太慢。
2. 看到别人发表不正确见解，总想第一时间纠正他。
3. 逛公园、看展览、赏花、观鱼时常常先看完，等着同来的人。
4. 想要办的事，一旦下定决心绝不拖延，尽快完成。
5. 如果感到自己被冒犯，坚决回击不会客气。
6. 想买东西但又要排队，宁愿不买了。
7. 和人约会，大多时间会提前到达指定地点。
8. 吃饭、走路，大多情况下比别人快。

随着社会节奏的加快和竞争日益激烈，当今社会 A 型性格人群有上升趋势。有调查显示，越是经济发达的地区，A 型性格人群的增长率和人口占比就越高。A 型性格对身体健康有不良影响，罹患冠心病的人当中，A 型性格的人占了大多数，因此 A 型性格也被称作“冠心病性格”。曾有研究者设计了一场实验，让 A 型性格的人与 B 型性格的人一起答题，回答正确多的人会得到奖励。A 型性格的人接受实验时特别认真，而且有紧张和兴奋的情绪，如果回答正确，就会表现出兴高采烈的样子，回答错误了，就会十分沮丧。而 B 型性格的人对待测试则显得轻松、平静，回答无论正确或是错误，都可以坦然面对。在对实验者进行检查时发现，A 型性格的人在测试时血压升高、心率加快，血液中的肾上腺素、去甲肾上腺素等引起血管收缩的激素都显著升高。而 B 型性格的人这些指标就比较平稳，变化不大。进一步分析发现，交感神经兴奋导致儿茶酚胺类的激素分泌增多，除了增高血压和增加心率，还会造成脂质代谢紊乱，增加血液凝固性，还容易造成冠状动脉的收缩、痉挛，导致心血管病变。因此，医学界把 A 型性格与高胆固醇、吸烟和高血压并列，称为“心脏的第四危险因子”。

A 型性格的人要注意什么呢？首先，A 型性格的人应该认可自己性格中目标明确、做事利索、工作投入等优点，并且在工作中发挥这些优势；其次，A 型性格的人要优化“个性”，摒弃“敌意”情绪，提醒自己“慢”下来。建议 A 型性格的人在完成任务时，要制定一个符合自己实际能力的目标，不可一味追求高远；在时间安排上要预留回旋的余地，这既是减压，也是为突发事件留出时间余量；严格划清工作与休息的界限，培养业余爱好，增加生活情趣；经常参加体育活动，提高机体承受能力。当然，B 型性格也有不足，B 型性格要注意自己时间观念淡漠、成就动机不足的缺点，适当时候要自我加压、自我约束、自我激励。

能力

能力（Ability）指人们顺利地完成某种活动必备的个性心理特征。按照不同标准，能力有多种划分。根据表现的程度，能力可以分为实际能力和可能能力。前者指已经表现出来的能力，这是个人在先天遗传基础上，在后天环境中努力学习的结果；后者是尚未表现出来的心理潜能，是个体具有的可能性。根据能力使用的领域，可将能力分为一般能力和特殊能力。一般能力指人从事各种活动所具备的基本功能，如观察力、记忆力、想象力等；特殊能力指人在某种专业活动中所具备的能力，如音乐家区别旋律的能力、品酒师的味觉能力、工程师的技术能力等。

美国劳工部测定了年轻人成功应对工作所需的技能，结果发现，三大基础、五种能力在培养高技能、高工资、高效能人才中有重要作用。三大基础是：第一，基本技能，包括读、写、听、说、进行算术和数学运算的技能；第二，思考技能，包括创造性地思考、做决定、解决问题、呈现，知道怎样学习以及推理；第三，个人品质，包括显示责任心、自尊、社交能力，自我管理和正直诚实。

五种能力分别是：第一，对资源状况的了解和良好运用的能力。工作场所资源包括时间资源、空间资源、空间内的物质资源、人力资源，以及作为各种资源浓缩体的金钱资源五种。要良好地工作必须能够对这五种资源进行有序、合理的组织、计划和分配。第二，有效率地处理人与人之间关系的能力。包括学会处理工作团队内部成员之间的关系，如与大家共同参与、教授他人、领导他人以及与不同文化背景的人共处等；学会与工作团队外部人员之间的交往，如为顾客服务、谈判等。第三，获取、评价和运用信息。包括运用计算机以及其他方法获取、评价、组织信息以服务于工作场所。第四，理解工作中复杂的交互关系。理解工作系统，在理解的基础上控制系统，若系统出现故障或偏差能够检测并更正系统，针对问题创造性地改进和设计系统。第五，处理技术问题。包括根据工作需要选择技术、运用技术、维护和检修技术等。

生活中的心理学——大国“焊王”炼成记

2021 大国工匠年度人物、全国劳模、“七一勋章”获得者、全国技术能手、国家科技进步奖获得者、湖南华菱湘潭钢铁有限公司工人艾爱国靠一把焊枪，赢得无数“军功章”。50 多年来，艾爱国攻克技术难题 400 多个，改进工艺 100 多项，在全国培养焊接技术人才 600 多名，创造直接经济效益 8000 多万元……

艾爱国很早就有“焊王”和“焊神”的美誉，但他却说：“名气没什么用，解决问题还要靠实力。”有人说，艾爱国天生就是干焊工的料。他却说，焊接方法有上百种，焊接材料可达上万种，能根据实际情况和现场环境，判断选择最合适焊接工艺解决焊接问题的，才算好焊工。因材施焊，既要“手艺”，还要精通“工艺”。我国以前不能生产船舶用钢（也称为大线能量焊接钢板），导致造船效率仅为日本的 1/7 ~ 1/4。大线能量焊接方法要求钢板至少要能承受 100kJ/cm 以上的焊接热输入。艾爱国带领焊接团队，与湘钢材料研发团队一起受命攻坚。从 50kJ/cm 到 100kJ/cm，再到 250kJ/cm，这条攻坚之路，艾爱国领着团队走了 10 年。2020 年，湘钢大线能量焊接船舶系列用钢在国际机构见证下，顺利通过钢板焊接及焊后性能检测，标志着湘钢已完成该系列用钢船级社认证的关键环节。“这意味着湘钢攻克了这一长期被国外垄断的技术难题，填补了技术空白，从此能够实现船舶用钢国产化。”艾爱国对此很自豪。

节选自《2021年大国工匠年度人物｜艾爱国：“好焊工”的不老传说》有删改
原载《工人日报》2022年3月

智　　力

智力（intelligence）是一种与知识掌握、推理和高效问题解决有关的心理能力，以抽象思维能力为中心。要想了解一个人智力水平的高低，需要对他完成多种不同任务的能力进行测试。然而，对于智力究竟应该包含哪些种类的能力，心理学界有不同的观点。

美国心理学家卡特尔（Raymond Cattell）将智力分为流体智力和晶体智力两种。流体智力是先天的，指在信息加工和问题解决过程中所表现的能力，它取决于个人的禀赋，很少受后天教育因素的影响；晶体智力是后天习得的，是指获得语言、数学知识的能力，与社会文化有密切的关系，主要由后天教育和经验决定。中年之后流体智力有下降的趋势，而晶体智力在人的一生中是稳步上升的。

美国心理学家加德纳（Howard Gardner）认为智力是多种能力的组合，每种智力之间独立存在。在某一个智力维度上表现超凡，有可能在其他维度上表现平平。他认为，每个人都至少具备语言智力、逻辑数学智力、音乐智力、空间智力、身体运动智力、人际关系智力和内省智力，后来，又添加了自然智力，八种智力构成了“多元智力理论”的主要内容。这个理论解释了“偏才”“怪才”为什么会存在，同时为后续情绪智力的研究打下了基础。

美国心理学家斯滕伯格（Robert J. Sternberg）同意多元智力的观点，

但他将智力因素总结为三方面，提出了“智力三元理论”。“三元”包括分析性智力，指在完成学业、解决传统学术问题时所需要的智力；创造性智力，指适应新情况以及产生新颖想法的能力；实践性智力，指在处理意义不确定、往往有多种解决方法的日常任务方面的技巧。尽管加德纳和斯滕伯格的观点在某些方面并不完全相同，不过在一个要点上他们达成了一致，即多种能力能够助益人生成功，天赋方面的多样性为生活增添情趣。

停下来，考一考

1. 你的朋友告诉你他发现了一个可以提高成绩的方法，他每周都会去老师办公室，向老师请教问题；没有问题的时候，就和老师聊聊学习、生活、未来打算等。他说他已经用这种方法，在几次考试中都获得了比较好的成绩。依据斯滕伯格的智力三元论，你朋友的行为展示了他具有哪种智力？

2. 校学生会对外联络部主要以拓宽院、校际交流工作为主题，以增进校企合作关系为工作重点，负责为学生会各项活动筹集资金、联系资源，提升学生会的影响力。按照加德纳的多元智力理论，能够胜任这一工作的人，需要哪方面的智力比较强？

答案：1. 实践智力；2. 人际关系智力。

当然，成功并非高智力水平的必然结果。智力高可能有助于通过学校考试、获得一个岗位，但却无法保证就此成功。成功是天赋和磨砺的综合结果，那些成就卓然的人往往也非常尽责，善于交往，精力充沛等。心理学家扎戈尔斯基追踪了全美 7403 名青少年长达 25 年之久，结果发现，人们的智力得分与其后来的收入成微弱、但显著的正相关（见图 5.4）。智商测试分数每提高一分，年收入就会增加 234 美元到 616 美元。但是智商和财富（收入、财产、投资、贷款等的总和）之间却没有显著相关。财务困境，比如无法支付账单、破产或达到信用卡限额，与智商得分是二次关系，这意味着高智商有时会增加陷入经济困境的可能性。

人与人智力发展水平存在很大差异，对于造成这种差异的原因，先天因素和环境教育因素是两大主因。如果说遗传素质为智力的发展提供了可能性，那么环境和教育则把这种可能性变为智力发展的现实性。环境教育因素对智力发展的作用不可低估，产前环境（即母体内的环境）就已经对胎儿智力发展有重要的影响，出生后有组织、有方法的教育对智力的发展具有特殊的意义。

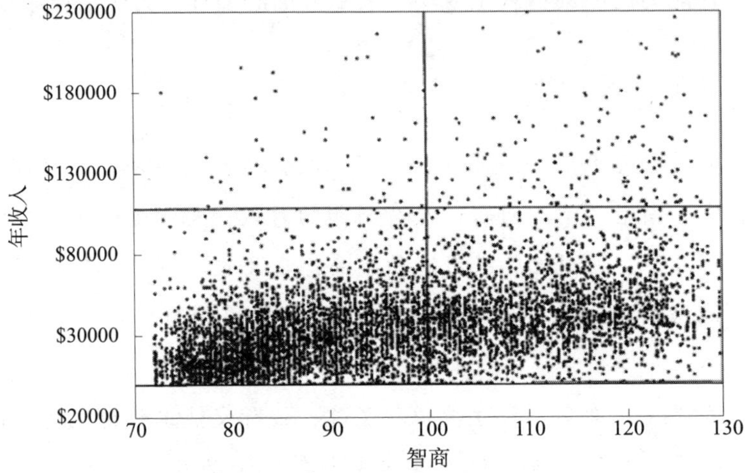

图 5.4　智商与收入的关系（参见 Zagorsky，2007）

现实生活中，人们把智力超常的个体称为“天才”，而把智力发展水平低于正常水平的称为“发育迟滞”，当然，还有一类特殊的人群同时集聚了“天才”和“迟滞”的两方面特征，学界称之为“学者症候群”，俗称“白痴天才”。

师说“心”语——天才还是智障?

山西五台县有一个有语言障碍，曾被诊断为“中度脑残”的年轻人，名叫周玮。他几乎没上过学，沟通能力、反应能力明显弱于常人，但是在拿到数学算式时，却会表现出惊人的天赋。他能口算推导等差数列，对自然数的高次幂运算、两位数、三位数以及四位数之间的相乘，高位数的开平方、开立方等，都能口算迅速给出正确答案，无须借助任何演算。后来周玮凭借这个本领还上了电视，人们称他为“中国雨人”“中国的霍金”，认为他是天才。但智力测验表明，周玮的智商只有56分，这个分数属于智障的范围。那么，周玮到底是天才，还是智障呢？请扫码观看视频“最强大脑周玮，天才还是智障？”

创造力

创造力（Creativity）是指就特定环境而言，个体产生新颖的问题解决思路，或新异的合适的产品的能力。许多人认为，智力和创造力之间有密切的联系，因为这两类人似乎都可以用“聪明”一词来描述。然而，心理学研究表明，高智商并不一定拥有高创造力，许多极其聪明的人从未做出突破性、高度原创性和富有洞察力的贡献，反过来，极富创造力的人很可能智商处于平均水平。所以，创造力和智力并不具有必然联系。想成为一个创造力强的人，需要借助一定的智力能力获取广博的知识，并在强烈的动机和某些人格特征的加持下才可能创造新成果。

第一，某个领域或多个领域广博而系统的知识是创造力的基础。创造力不是灵光一闪下的成功，而是在强烈的动机和积极性支配下，经过数十年的高强度训练和练习，对该领域知识有着专业且极其深刻的理解后，进行的突破性工作。要想成为某个领域的专家，至少要花10000小时来学习和锻炼相关技能。

第二，对某一问题具有强烈兴趣是创造力的驱动力。高创造力的人对某一问题非常着迷，这种兴趣是发自内在的，而不是因为金钱名利带来的诱惑。这种入迷可能达到“癫狂”的状态，持续性地情绪高涨，异常兴奋，对所做的事情感到快乐和满足。韦斯伯格考察了患有双向情感障碍的作曲家罗伯特·舒曼的艺术作品，他在躁狂时期下的作曲数目平均12.3个，而在抑郁时期的作曲数目平均只有2.7个。

第三，敢于重构问题，能够承受孤独是创造力的人格保障。高创造力者不仅和问题作斗争，而且还会经常对问题的本质提出质疑，甚至推翻理论赖以存在的基础。打破传统的思维方式常常让他们背负社会压力，但他们在所不惜，勇于做自己。也正是因为此，许多富有创造力的人将自己描述为孤独者。

第四，复杂性命题和刺激性交流是创造力的助推器。面对复杂的问题，大多数人会一头雾水，没有头绪，但高创造力的人则表现出极大热情，他们乐于化繁为简，从复杂中寻找简单。这期间，他们渴望与能够促使他们高速发展的导师深入交流，随后，他们会超越自己的导师，并从其他人身上寻找更多的刺激性想法。

本节思考题

1. 结合自身成长经历，分析自己性格形成的原因，以及重要事件、重要他人对你性格的影响。

2. 请分析加德纳多元智力理论和斯滕伯格智力三元论之间的区别与联系。

3. 请谈一谈，如何成为一个具有高创造力的人。

4. 结合“气质测验”结果，分析自己的气质特点适合的职业与沟通方式。

实践项目

目前要从一批航空学院毕业生中选拔出可能成为优秀飞行员的“苗子”选手进行重点培养。你是负责心理素质评价的老师，你准备如何开展这次选拔？请说明评价的标准，如何得出这些标准，以及如何实施评价的过程。

阅读文献